柴田里程 著

時系列解析

統計学 4

One Point

共立出版

「統計学 One Point」編集委員会

鎌倉稔成　　（中央大学理工学部，委員長）
江口真透　　（統計数理研究所）
大草孝介　　（九州大学大学院芸術工学研究院）
酒折文武　　（中央大学理工学部）
瀬尾　隆　　（東京理科大学理学部）
椿　広計　　（独立行政法人統計センター）
西井龍映　　（九州大学マス・フォア・インダストリ研究所）
松田安昌　　（東北大学大学院経済学研究科）
森　裕一　　（岡山理科大学経営学部）
宿久　洋　　（同志社大学文化情報学部）
渡辺美智子　（慶應義塾大学大学院健康マネジメント研究科）

「統計学 One Point」刊行にあたって

　まず述べねばならないのは，著名な先人たちが編纂された共立出版の『数学ワンポイント双書』が本シリーズのベースにあり，編集委員の多くがこの書物のお世話になった世代ということである．この『数学ワンポイント双書』は数学を理解する上で，学生が理解困難と思われる急所を理解するために編纂された秀作本である．

　現在，統計学は，経済学，数学，工学，医学，薬学，生物学，心理学，商学など，幅広い分野で活用されており，その基本となる考え方・方法論が様々な分野に散逸する結果となっている．統計学は，それぞれの分野で必要に応じて発展すればよいという考え方もある．しかしながら統計を専門とする学科が分散している状況の我が国においては，統計学の個々の要素を構成する考え方や手法を，網羅的に取り上げる本シリーズは，統計学の発展に大きく寄与できると確信するものである．さらに今日，ビッグデータや生産の効率化，人工知能，IoT など，統計学をそれらの分析ツールとして活用すべしという要求が高まっており，時代の要請も機が熟したと考えられる．

　本シリーズでは，難解な部分を解説することも考えているが，主として個々の手法を紹介し，大学で統計学を履修している学生の副読本，あるいは大学院生の専門家への橋渡し，また統計学に興味を持っている研究者・技術者の統計的手法の習得を目標として，様々な用途に活用していただくことを期待している．

　本シリーズを進めるにあたり，それぞれの分野において第一線で研究されている経験豊かな先生方に執筆をお願いした．素晴らしい原稿を執筆していただいた著者に感謝申し上げたい．また各巻のテーマの検討，著者への執筆依頼，原稿の閲読を担っていただいた編集委員の方々のご努力に感謝の意を表するものである．

編集委員会を代表して　鎌倉稔成

まえがき

『時系列解析』という題名から，本書を読めばすぐ時系列の解析ができるようになるのではと期待される読者も多いに違いない．しかし本書は基礎の基礎，しかも定常性のある時系列を主な対象としている．そのため，このような要望にすぐお応えできるようにはなっていないことは，あらかじめお断りしておく．

日常生活でよく「時系列で見れば」という言葉が使われるのは，自然現象にせよ社会現象にせよ，時間の流れを無視できないことが多いからである．そのため，昔から時間とともに変化する値の系列の解析は人々の興味の対象であった．しかしその姿は実にさまざまで，どうしてもアドホックな扱いにならざるを得ない．そこに風穴を開けたのが Nobert Wiener である．時系列をさまざまな周波数の波の合成と考えることで，視点を時間軸から周波数軸へ変えることができることに注目し，一般調和解析と呼ばれる数学分野を確立した [42, 43]．もっとも，彼がこの研究を始めたきっかけは，数学上の興味というよりは第 2 次世界大戦中に高射砲をどこに向けて撃ったら飛行機への命中精度が高まるかといった軍事上の要請であったが．

時系列解析の研究はもっぱらこのような制御システムの構築や，数学的な側面に重きを置いて発展してきた．そのため，統計学の中でも時系列解析はやや特殊な位置づけになっている．ずいぶん前になるが，多変量時系列解析を始めたオーストラリアの E. J. Hannan 教授 [12] のところに招聘されたとき，印象に残った言葉が「統計学者の中で時系列解析を専門にしていると言わないほうがよいよ．そう言ったとたん，みんな君を置いてどこかへ行ってしまうから」である．これは半分冗談であるが半分本当である．統計学の中でこれほど数学が必要とされる場面はそれほど多くない．それが違和感につながっているのではなかろうか．

これは何も研究者仲間に限らない．時系列解析の敷居が高いと感じるのは，ある程度数学の素養がないと理解できず，ミステリアスな部分だけが残るからに違いない．そこで，本書はそのようなことをあまり感じずに本質的な部分を理解していただけるよう配慮した．これまで何度も挫折した読者が本書を読むことで「わかった」と言っていただければ望外の幸せである．このような本質さえ理解できれば，時系列に対する見方もずいぶん変化し，柔軟な対応ができるようになる．つまり「苦あれば楽あり，急がば回れ」と思っていただくのがよい．あるいは，この機会に数学理論の美しさと大きさを感じていただくのもよいかもしれない．

　本書は，慶應義塾大学理工学部と理工学研究科での1年間の講義録をもとにしている．前半は時系列のスペクトル表現とそれから導かれる自己共分散のスペクトル表現の本質を理解していただくことを主眼とし，後半は各時間で複数の値をとる多変量時系列と，状態空間表現との結びつきを理解していただくことを目標としている．いくつか割愛したトピックや証明もあるが，もとの講義録や参考資料は http://datascience.jp/text.html から自由にダウンロードできるので必要に応じて参照していただきたい．紙幅の都合で数学や統計学の基本は前提とせざるを得なかった．本シリーズの他書や小生の近著 [39] などを参考にしていただければ幸いである．

　なお，本書をまとめるにあたっては，さまざまな方にご助力いただいた．特に仲真弓さんには講義録を細部にわたってチェックし修正していただいた．原稿の完成を辛抱強く待っていただいた共立出版にも深く感謝したい．

2017年6月

柴田里程

目　次

第1章　時系列　　*1*
1.1　定常性 ·· *2*
　　1.1.1　自己相関係数と偏自己相関係数 ····························· *4*
1.2　スペクトル表現 ··· *7*
　　1.2.1　時系列のスペクトル表現 ······································ *8*
　　1.2.2　自己共分散関数のスペクトル表現 ························ *13*
1.3　スペクトル表現の具体例 ····································· *16*

第2章　弱定常時系列の分解と予測　　*28*
2.1　ウォルドの分解定理と MA(∞) 表現，AR(∞) 表現 ········ *29*
2.2　ウォルドの分解定理の証明とその理解 ···················· *34*
　　2.2.1　ウォルドの分解定理の証明 ··································· *34*
　　2.2.2　純決定的と純非決定的 ······································· *36*
　　2.2.3　イノベーション ··· *37*
　　2.2.4　条件付き期待値と最良予測 ································· *38*
2.3　最良線形予測の予測誤差 ······································ *40*

第3章　時系列モデル　　*48*
3.1　AR モデル ··· *48*
　　3.1.1　推定 ··· *55*
　　3.1.2　AIC によるモデル選択 ······································· *57*
　　3.1.3　関連したモデル ··· *60*
3.2　MA モデル ·· *63*
3.3　ARMA モデル ··· *70*
3.4　その他のモデル ··· *74*

第4章　多変量時系列　　78

- 4.1 多変量時系列の性質 …………………………………………… 78
- 4.2 時系列どうしの関係 …………………………………………… 85
  - 4.2.1 スペクトル密度行列とクロススペクトル密度行列 ……… 85
  - 4.2.2 多重コヒーレンシー …………………………………… 88
  - 4.2.3 偏コヒーレンシー ……………………………………… 90
- 4.3 多変量 AR モデルと多変量 ARMA モデル ………………… 94
- 4.4 状態空間モデル ………………………………………………… 98
  - 4.4.1 状態ベクトルの推定と予測 …………………………… 100
  - 4.4.2 パラメータの推定 ……………………………………… 104
- 4.5 状態空間モデルと多変量 ARMA モデル …………………… 106
  - 4.5.1 直接表現とマルコフ表現 ……………………………… 106
  - 4.5.2 同定可能性 ……………………………………………… 114

参考文献　　118

索　引　　121

第 1 章

時 系 列

　時系列 (time series) とは，時間の順序に従って並べられた値のことである．たとえば，東京のある 1 日の午前 9 時から 1 時間ごとの気温を気象庁のホームページで調べてみると，

$$15.3, 16.7, 16.9, 17.2, 17.0 \quad (\text{℃})$$

となっていたが，これは時系列のもっとも簡単な例である．このように，ある一定の時間間隔で観測された時系列もあれば，連続的な時間で観測された時系列もある．もちろん，不規則な時間間隔で観測された時系列も存在する．

　時系列を対象にして，その統計的性質を調べたり，背後のメカニズムを探ることを一般的に**時系列解析**という．この第 1 章から第 3 章までは，1 変量の時系列，つまり値がスカラーである場合に限って，時系列を扱うための基本を確認する．

　以降では，時系列 $\{Z_t\}$ のモーメントに関して，基本的に

$$\mathrm{E}(Z_t) = 0, \quad \mathrm{E}|Z_t|^2 < \infty$$

を仮定する．ただし，$\mathrm{E}(\cdot)$ は期待値であり，期待値と 2 次モーメントの存在を保証している．また，本章では特に注意しない限り，時間 t は連続時間 ($-\infty < t < \infty$) でも ($t = 0, \pm 1, \pm 2, \ldots$) のような離散時間でもよい．さらには多次元でもよい．第 2 章までは $\{Z_t\}$ の値を便宜的に複素数

値とする．実数値に制限したほうが表現がかえって煩雑になるからである．必要に応じて，実数値は複素数値の特殊ケースと考えていただきたい．

1.1 定常性

時系列解析が，ほかの統計解析ともっとも異なるのは，観測値に順序があること，つまり時間の流れに沿って出現した値を扱う点にある．時間は先へ進むだけで後戻りできないため，実時間では**繰り返し観測**できず，1本の時系列，つまり1本の**サンプルパス** (sample path) だけから統計的推測を行う必要がある．これが時系列解析を難しくしている原因の1つである．この問題に対処する1つの方法が，時系列 $\{Z_t\}$ に定常性を仮定することになる．これによって，時系列データを，あたかも繰り返し観測したかのように扱うことができるようになる．

> **時系列データ解析**
> 本書で紹介する理論のほとんどが定常性を前提としている．しかし，よく制御されたシステムの計測値など，いくつかの例外はあるものの，実際に解析しなければならないデータが初めから定常性をもっていることのほうがかえって稀である．そのため，実際のデータ解析では，差分をとって定常性を確保したり，平滑化によって非定常な動きを取り除いたりして，定常時系列に帰着させるのが1つの重要なステップとなり，その良し悪しが結果を大きく左右する．
> また，非定常な時系列でも時間に関して局所的には定常性が満たされると期待して，そのような範囲に限って近似的に定常時系列として扱い，それを連結していくといった解析もよく行われる．さらには，回帰モデルで誤差項に独立性を仮定することが不自然であるような場合，その誤差項に定常時系列モデルを想定することで，モデル全体の挙動を改善するといった，どちらかというと補助的な使い方もなされる．

もっとも強い定常性が**強定常性** (strong stationarity) である．時系列 $\{Z_t\}$ において，任意の時点 $t_1, t_2, \ldots, t_n$ と任意の時間差 h について，$(Z_{t_1}, Z_{t_2}, \ldots, Z_{t_n})$ の同時分布と $(Z_{t_1+h}, Z_{t_2+h}, \ldots, Z_{t_n+h})$ の同時分布がいつでも等しくなるとき，$\{Z_t\}$ は**強定常過程** (strongly stationary process) であるという．

しかし，この強定常性を実際に検証するのは，ほとんど不可能である

1.1 定常性

といってよい．また，そこまで強い条件が必要ないことも多い．そこで登場するのが**弱定常性** (weak stationarity) であり，平均，分散共分散，つまり **2 次モーメント** (2nd moment) までに関してだけ定常性を要求する．具体的には，時系列 $\{Z_t\}$ で，Z_{t+h} と Z_t の**自己共分散** (autocovariance),

$$\mathrm{E}\left(Z_{t+h}\overline{Z_t}\right)$$

が**ラグ**（時間差，time lag）h だけに依存する，つまり h の関数 γ として

$$\gamma_h = \mathrm{E}\left(Z_{t+h}\overline{Z_t}\right)$$

と書けるとき，$\{Z_t\}$ は**弱定常過程** (weakly stationary process) であるという．ただし，$\overline{Z_t}$ は Z_t の値の複素共役である．

定義からすぐわかるように，$\gamma_{-h} = \overline{\gamma_h}$ であり，実数値なら $\gamma_{-h} = \gamma_h$ のように時間に関して対称となる．なお，この γ_h を時間差 h の関数と見て，**自己共分散関数** (autocovariance function) とも呼ぶ．$\mathrm{E}(Z_t) = 0$ でなければ，弱定常性は 1 次モーメント $\mathrm{E}(Z_t)$ が t によらないことも要求する．その場合，自己共分散は $\mathrm{E}(Z_t) = \mu$ を差し引いた，

$$\mathrm{E}\left\{(Z_{t+h} - \mu)(\overline{Z_t} - \mu)\right\}$$

で定義される．

また，任意の $s \neq t$ で $\mathrm{E}\left(Z_s\overline{Z_t}\right) = 0$，つまり $h \neq 0$ なら $\gamma_h = 0$ であるとき，$\{Z_t\}$ は**直交過程** (orthogonal process) と呼ばれる．直交と呼ばれる理由は，確率変数 X と Y に対する**内積とノルム** (inner product and norm) を

$$\langle X, Y \rangle = \mathrm{E}\left(X\overline{Y}\right), \quad \|X\|^2 = \mathrm{E}|X|^2$$

で定義すれば，$\mathrm{E}\left(Z_s\overline{Z_t}\right) = 0$ は Z_s と Z_t の直交を意味するからである．このとき $Z_s \perp Z_t$ と記すこともある．

この弱定常過程に従う時系列のイメージは，**時間が経過してもあいかわらず同じように発生する値の系列**である．たとえば，**よく制御されたシス**

テムの出力のずれや，日単位の気温データから季節や天気によるトレンドを除いた残りなどがその例である．このように定常性を確保した上で，そこに何か隠れたメカニズムがないか，少しでも予測誤差を小さくできないかといった問題に答えるのが弱定常時系列解析である．なお，この強定常過程と弱定常過程については「強」と「弱」をつけるかつけないか文献によって違いがあり，「強定常過程，定常過程」と呼ぶこともあるので，注意が必要である．

自己共分散関数の推定

時系列 $\{Z_t\}$ が実数値をとる弱定常過程で時間 t が整数の場合に，この時系列の観測系列，つまりサンプルパス $z_1, z_2, \ldots, z_n$ から自己共分散関数 γ_h を推定したいときの，1つの自然な推定量は，時間差 h の組み合わせの積の平均，つまり

$$\hat{\gamma}_h = \frac{1}{n} \sum_{t=1}^{n-h} z_{t+h} \overline{z_t}$$

であろう．右辺で，n で割る代わりに $n-h$ で割れば，

$$\mathrm{E}\left(\frac{1}{n-h} \sum_{t=1}^{n-h} Z_{t+h} \overline{Z_t}\right) = \gamma_h$$

からわかるように不偏推定量になるが，γ_h が $h \to \infty$ で 0 に収束するのが自然であることを考えれば，$n-h$ で割って大きな h に対して不安定な推定になるよりは，n で割ったほうが混乱を招かずにすむので，時系列解析では，あえて不偏でない $\hat{\gamma}_h$ を用いることが多い．もちろん $\mathrm{E}(Z_t) = 0$ が期待できない場合は，z_t から $\mu = \mathrm{E}(Z_t)$ の推定値 $\hat{\mu} = \frac{1}{n} \sum_{t=1}^{n} z_t$ を差し引いた $z_t - \hat{\mu}$ を代わりに用いる必要がある．しかし，いずれにしてもすべては定常性の前提の上での話であり，定常性が期待できない場合には形式的に $\hat{\gamma}_h$ を求めても無意味である．また，一致性のためには，裏に何らかの意味での独立性の存在が必要となる．

1.1.1　自己相関係数と偏自己相関係数

ある時系列の特徴を把握するのに，まず過去とどれくらい関係があるかが興味の対象となる．ここでは，その指標となる自己相関係数と偏自己相関係数を紹介する．

- **自己相関係数**

一般的に，値の変化が連動するような変量間の関係性を相関関係とい

うが，これを弱定常過程 $\{Z_t\}$ の現在と過去，あるいは将来と現在で見たものが，**自己相関係数** (autocorrelation coefficient) である．具体的には，時間差 h の自己相関関数は，

$$\rho_h = \frac{\mathrm{E}\left(Z_{t+h}\overline{Z_t}\right)}{\mathrm{E}\left(Z_t\overline{Z_t}\right)} = \frac{\langle Z_{t+h}, Z_t \rangle}{\|Z_t\|^2} = \frac{\gamma_h}{\gamma_0}$$

で定義され，h の関数と見たとき**自己相関関数** (autocorrelation function) あるいは**系列相関関数** (serial correlation function) と呼ばれる．自己相関関数 ρ_h は常に $|\rho_h| \leq 1$ である．

● **偏自己相関係数**

通常の相関が，対象とする変量以外の変量を介した間接的な相関も含んでいるのに対し，そのような間接的な相関を射影により除いた 2 つの変量間の相関，つまり直接的な相関を偏相関という．自己相関係数に対応したものが偏自己相関係数である．

整数時間の場合，弱定常過程 $\{Z_t\}$ における Z_{t+h} と Z_t の**偏自己相関係数** (partial autocorrelation coefficient) は，その間の $Z_{t+1}, Z_{t+2}, \ldots, Z_{t+h-1}$ を経由する間接的な相関を除いた，Z_{t+h} と Z_t の間の直接的な相関として定義される．具体的には，まず

$$\left\| Z_{t+h} - \sum_{j=1}^{h-1} \alpha_j Z_{t+h-j} \right\|^2$$

を最小にする係数 α_j $(j=1,2,\ldots,h-1)$ と，

$$\left\| Z_t - \sum_{j=1}^{h-1} \beta_j Z_{t+j} \right\|^2$$

を最小にする係数 β_j $(j=1,2,\ldots,h-1)$ を求め，ξ_{t+h} と η_t を

$$\xi_{t+h} = Z_{t+h} - \sum_{j=1}^{h-1} \alpha_j Z_{t+h-j}, \quad \eta_t = Z_t - \sum_{j=1}^{h-1} \beta_j Z_{t+j}$$

と定義する．すると，ξ_{t+h} と η_t はそれぞれ，Z_{t+h} と Z_t からその間にある $Z_{t+1}, Z_{t+2}, \ldots, Z_{t+h-1}$ の影響を除いた変量であると考えられる．したがって，この ξ_{t+h} と η_t の共分散，つまり

$$R_h = \langle \xi_{t+h}, \eta_t \rangle$$

が時系列 $\{Z_t\}$ の時間差 h の**偏自己共分散** (partial autocovariance) となり，

$$r_h = \frac{\langle \xi_{t+h}, \eta_t \rangle}{\|\xi_{t+h}\| \|\eta_t\|} = \frac{R_h}{\|\xi_{t+h}\| \|\eta_t\|}$$

を時間差 h を変数とする**偏自己相関関数** (partial autocorrelation function) と呼ぶ．ただし，$r_0 = 1$ と定義しておく．自己相関関数と同じく常に $|r_h| \leq 1$ である．

偏自己相関関数 r_h は，自己共分散関数 γ_h を用いて

$$r_h = \frac{\gamma_h - \sum_{j=1}^{h-1} \alpha_j \gamma_{h-j}}{\gamma_0 - \sum_{j=1}^{h-1} \alpha_j \gamma_{-j}} \tag{1.1}$$

と表すこともできる．ξ_{t+h} が $Z_{t+1}, Z_{t+2}, \ldots, Z_{t+h-1}$ の張る空間への射影の足であり，おのおのと直交していることから

$$R_h = \left\langle \xi_{t+h}, Z_t - \sum_{j=1}^{h-1} \beta_j Z_{t+j} \right\rangle = \langle \xi_{t+h}, Z_t \rangle = \gamma_h - \sum_{j=1}^{h-1} \alpha_j \gamma_{h-j}$$

と計算でき，これが分子となる．分母は

$$\|\xi_{t+h}\|^2 = \|\eta_t\|^2 = \gamma_0 - \sum_{j=1}^{h-1} \alpha_j \gamma_{-j} \tag{1.2}$$

より従う．

問題 1 式 (1.2) を確かめなさい．

偏自己相関係数の推定

偏自己相関関数は，式 (1.1) の表現を利用して推定できる．自己共分散関数 γ_h を前述した推定値 $\hat{\gamma}_h$ で置き換え，係数 α_j $(j=1,2,\ldots,h-1)$ を，以下のように自己共分散関数から求める．まず，ξ_{t+h} が $Z_{t+1}, Z_{t+2}, \ldots, Z_{t+h-1}$ と直交することを用いれば，

$$\gamma_s = \langle Z_{t+h}, Z_{t+h-s}\rangle = \left\langle \xi_{t+h} + \sum_{j=1}^{h-1} \alpha_j Z_{t+h-j}, Z_{t+h-s}\right\rangle$$

$$= \sum_{j=1}^{h-1} \alpha_j \langle Z_{t+h-j}, Z_{t+h-s}\rangle$$

$$= \sum_{j=1}^{h-1} \alpha_j \gamma_{s-j}$$

の関係が得られるので，連立方程式（**ユール・ウォーカー方程式**）

$$\begin{pmatrix} \gamma_1 \\ \gamma_2 \\ \vdots \\ \gamma_{h-1} \end{pmatrix} = \begin{pmatrix} \gamma_0 & \gamma_{-1} & \cdots & \gamma_{-(h-2)} \\ \gamma_1 & \gamma_0 & \cdots & \gamma_{-(h-3)} \\ \vdots & \vdots & & \vdots \\ \gamma_{h-2} & \gamma_{h-3} & \cdots & \gamma_0 \end{pmatrix} \begin{pmatrix} \alpha_1 \\ \alpha_2 \\ \vdots \\ \alpha_{h-1} \end{pmatrix}$$

の解として，α_j $(j=1,2,\ldots,h-1)$ が求まる．

ただし，偏自己相関は，あくまで「間接的な相関」を線形結合の形で除いただけなので，変量間の非線形な関係があってもその間接的な相関までは除けていないことに注意する必要がある．

1.2 スペクトル表現

時系列解析に登場する典型的な道具がスペクトル表現である．時間軸を周波数軸に変換することで，個々の時間にとらわれず，時系列に含まれる周期的な動きをあぶりだすことができる．しばしば，時間軸での解析は**時間領域** (time domain) での解析，周波数軸での解析は**周波数領域** (frequency domain) での解析と呼ばれる．これら 2 つの解析は決して対立するものではなく，2 つの領域の間を自由に行き来することで，より豊かな解析が可能となる．実際の時系列データ解析にあたっても，1 つの時系列の異なる見方である時間領域での解析と周波数領域での解析をうまく

併用するとよい.

ここでは，2つの**スペクトル表現** (spectral representation)，

$$Z_t = \int e^{2\pi it\lambda} dW_\lambda$$

と

$$\gamma_h = \int e^{2\pi ih\lambda} dF(\lambda)$$

を紹介する．ただし，

$$e^{2\pi ih\lambda} = \cos(2\pi h\lambda) + i\sin(2\pi h\lambda)$$

は複素指数関数である．ちなみに，スペクトル表現は**フーリエ表現** (Fourier representation) と呼ばれることもある．以降，本章では，これらの表現の導出を確認し，その性質や具体例などを見ていこう．

1.2.1 時系列のスペクトル表現

まず，弱定常過程に限らず一般的に通用する，時系列 $\{Z_t\,;\,t\in T\}$ のスペクトル表現定理を紹介する．ここで，$L_2(\Lambda,\mu)$ は測度 μ をもつ空間 Λ 上の2乗可積な（複素数値）関数からなるヒルベルト空間であり，時間集合 T は整数や実数に限らない．任意の集合でよい．ただし，ここでは，わかりやすくするため Λ が全順序集合，つまり要素の間に必ず順序がつく集合の場合に限って，定理の略証を与える．より完全な定理と証明は，たとえば [11] を参照されたい．

定理 1 (Karhunen(1947))

2変数自己共分散関数 $\gamma(s,t) = \mathrm{E}\left(Z_s \overline{Z_t}\right)$ が

$$\begin{aligned}
\gamma(s,t) &= \int_\Lambda f(s,\lambda)\overline{f(t,\lambda)} d\mu(\lambda), \\
f(t,\cdot),\quad & f(s,\cdot) \in L_2(\Lambda,\mu),\quad s,t \in T
\end{aligned} \quad (1.3)$$

と表現できれば，直交増分過程 $\{W_\lambda\,;\,\lambda\in\Lambda\}$ が存在して

$$Z_t = \int_\Lambda f(t,\lambda)dW_\lambda, \quad t \in T \tag{1.4}$$

と表現できる.

この定理の**直交増分過程** (orthogonal increment process)$\{W_\lambda\}$ は, $\lambda_1 > \lambda_2 > \lambda_3 > \lambda_4$ ならば常に $\langle W_{\lambda_1} - W_{\lambda_2}, W_{\lambda_3} - W_{\lambda_4} \rangle = 0$ となる確率過程のことである.つまり,重複しない区間での値の増分が常に直交している確率過程のことを直交増分過程という.直交性だけでなく独立性まで成り立てば独立増分過程と呼ばれる.直交増分過程の例として,ランダムウォークとブラウン運動を紹介しておこう.この 2 つは,ともに独立増分過程でもある.なお,独立増分過程ならば直交増分過程であるが,逆は必ずしも成り立たない.

- **ランダムウォーク**

  独立同分布に従う確率変数 X_j ($j = 1, 2, \ldots$) の累和である $S_m = \sum_{j=1}^m X_j$ からなる確率過程 $\{S_m\}$ を**ランダムウォーク** (random walk) という.ランダムウォークは時間 m の進行とともに独立な確率変数を加えていったものにすぎないので,その増分は独立,つまり独立増分過程である.

- **ブラウン運動**

  ブラウン運動 (Brownian motion)$\{B_t\}$ は時間 t が実数,つまり連続時間で,常に $B_s - B_t$ が期待値 0,分散 $|s-t|\sigma^2$ の正規分布に従う独立増分過程である.ウィナー (Wiener) 過程とも呼ばれる.特に $\sigma = 1$ なら標準ブラウン運動と呼ばれる.ブラウン運動はランダムウォーク $\{S_m\}$ の確率変数 X_j ($j = 1, 2, \ldots$) の分布を正規分布とし, m の増加につれ,より細分化した時間を対応させていくことで,時間連続に収束させたものと見なすこともできる.

証明(定理 1) 定理 1 の背景を少しでも理解していただくため,その簡単な証明の流れを説明しておこう.まず,時系列 $\{Z_t; t \in T\}$ から生成

される空間 $L_2(Z)$ を導入する．この空間は $\sum_t \alpha_t Z_t$ のような確率変数の線形結合を基本にして生成されるヒルベルト空間で，その要素は再び確率変数である．この空間の内積としては，1.1 節で導入した確率変数どうしの内積を導入する．その上で，$L_2(Z)$ の要素 Z_t に $L_2(\Lambda,\mu)$ の要素 $f(t,\cdot)$ を対応 (mapping) させると，式 (1.3) よりこの対応が内積を保つ対応であることがわかる．したがって，この対応の逆も一意に定まり，これら 2 つのヒルベルト空間の間の 1 対 1 対応にまで拡張できる．

ここで，Λ の可測集合 S の指示関数 (indicator function) 1_S を考えると，これは $L_2(\Lambda,\mu)$ の要素であり，$L_2(Z)$ のある要素 $W(S)$ が対応しているはずである．さまざまな可測集合 S についてこの対応をつけることで，ランダムな値をとる集合関数 $W(S)$ が得られる．しかも対応のさせ方と，内積を保つ対応であることから

(a) $S_1 \cap S_2 = \emptyset$ なら $W(S_1 \cup S_2) = W(S_1) + W(S_2)$

(b) $\langle W(S_1), W(S_2) \rangle = \mu(S_1 \cap S_2)$

の 2 つの性質をもつことがわかる．性質 (a) が測度のもつべき基本的な性質であることに注意すれば，このランダムな値をとる集合関数 $W(S)$ に関する積分

$$\int_\Lambda f(\lambda) dW(\lambda) \tag{1.5}$$

が $L_2(\Lambda,\mu)$ の任意の要素 $f(\lambda)$ について定義できる．しかも，

$$W(S) = \int_\Lambda 1_S(\lambda) dW(\lambda)$$

であるので，単関数 (simple function) 近似により，式 (1.5) が今考えている空間 $L_2(\Lambda,\mu)$ から $L_2(Z)$ への対応の具体的な表現を与える．そして，この対応がもともと $f(t,\cdot)$ に Z_t を対応させる対応であったことに注意すれば，

$$Z_t = \int_\Lambda f(t,\lambda) dW(\lambda) \tag{1.6}$$

なる表現を得る．Λ が全順序集合の場合には，$\mu < \lambda$ に対して，$W_\lambda -$

$W_\mu = W((\mu,\lambda])$ で $\{W_\lambda\}$ を定義することで，式 (1.6) をスティルチェス型の積分表現 (1.4) に置き換えられる．$\{W_\lambda\}$ が直交増分過程であることは，$W(S)$ の性質 (b) より明らかである． □

この証明からわかるように，定理 1 の表現 (1.4) の一般形は式 (1.6) である．ただし，その場合の $W(S)$ は，性質 (a) と (b) をもち，値がランダムな集合関数で**一般化直交増分過程**と呼ばれる確率過程である．

問題 2 $W(S)$ の性質 (b) から $\{W_\lambda\}$ が直交増分過程であることを導きなさい．

定理 1 は極めて一般的な定理で，状況に応じてさまざまな時系列の表現を与える．特に，T が**整数**の時系列の場合には，次の定理から $f(t,\lambda) = \mathrm{e}^{2\pi i t\lambda}$ にとれることがわかり，Z_t のスペクトル表現が直ちに導かれる．ただし，$\{a_t\}$ が非負定符号であるとは，任意の複素数列 $\{c_t ; t=1,2,...,n\}$ に対し $\sum_{s,t=1}^n c_s \bar{c}_t a_{s-t} \geq 0$ が成り立つときをいう．

定理 2 (Trigonometric moment problem)
複素系列 $\{a_t ; t=...,-1,0,1,...\}$ がエルミート系列，つまり $a_{-t} = \bar{a}_t$ を満たす系列であるとき，測度 μ が存在して

$$a_t = \int_{-1/2}^{1/2} \mathrm{e}^{2\pi i t \lambda} d\mu(\lambda)$$

と表現できるための必要十分条件は，$\{a_t\}$ が非負定符号系列であることである．

なお，この定理 2 は空間データのような T が**多次元**の場合に拡張することもできるが，直接

$$f(\boldsymbol{t},\boldsymbol{\lambda}) = \mathrm{e}^{2\pi i <\boldsymbol{t},\boldsymbol{\lambda}>}$$

によって共分散関数 γ_h が定理 1 の条件のように表現できることを確かめることでも，スペクトル表現

$$Z_t = \int \mathrm{e}^{2\pi i <\boldsymbol{t},\boldsymbol{\lambda}>} dW_{\boldsymbol{\lambda}}$$

と

$$\gamma_{\boldsymbol{h}} = \int \mathrm{e}^{2\pi i <\boldsymbol{h},\boldsymbol{\lambda}>} dF(\boldsymbol{\lambda})$$

が得られる．ただし，$\boldsymbol{t}, \boldsymbol{\mu}, \boldsymbol{\lambda}$ はベクトル，$<\boldsymbol{h},\boldsymbol{\lambda}>$ は内積である．

T が実数のときは，次の定理からスペクトル表現が得られる．

定理 3 (Bochner の定理)

エルミート性 $r(-t) = \overline{r(t)}$ を有する実数変数複素数値連続関数 $r(t)$ が，有界単調増加関数 $F(\lambda)$ で

$$r(t) = \int_{-\infty}^{\infty} \mathrm{e}^{2\pi it\lambda} dF(\lambda)$$

と表せるための必要十分条件は，$r(t)$ が非負定符号であることである．

ここで，エルミート性をもつ関数 $r(t)$ が**非負定符号** (non-negative definite) であるとは，任意の実数列 $t_1, t_2, ..., t_n$ と複素数列 $c_1, c_2, ..., c_n$ に対して

$$\sum_{j,k} c_j \overline{c_k} r(t_j - t_k) \geq 0$$

が常に成立するときをいう．弱定常過程の自己共分散関数 γ_h がエルミート性をもつことはすでに注意した通りであり，非負定符号であることは $\mathrm{E}|\sum_j c_j Z_{t_j}|^2 \geq 0$ よりわかる．したがって，時間が実数の場合，γ_h が h に関して連続なら，定理 2 から常に

$$\gamma(s,t) = \gamma_{s-t} = \int_{-\infty}^{\infty} \mathrm{e}^{2\pi i(s-t)\lambda} dF(\lambda)$$

と表せ，定理 1 の条件 (1.3) が，$f(s,\lambda) = \mathrm{e}^{2\pi is\lambda}$ と $d\mu(\lambda) = dF(\lambda)$ で満たされることから，次の定理が得られる．

定理 4 (Cramér の定理)

弱定常過程 $\{Z_t; t \in \mathbb{R}\}$ は，共分散関数が連続なら，直交増分過程 $\{W_\lambda\}$

で

$$Z_t = \int_{-\infty}^{\infty} e^{2\pi it\lambda} dW_\lambda \tag{1.7}$$

と表現できる.

> **ウェーブレット表現**
>
> $\{Z_t\}$ の表現は，もちろん上記のようなスペクトル表現に限られるわけではない. 定理 1 の $f(s,\lambda)$ が基本となる周波数 λ の波を定めるが，たとえば，$f(t,\lambda) = \frac{1}{\sqrt{a}}\psi\left(\frac{t-b}{a}\right)$, $\lambda = (a,b)$ とおくことで，時系列 $\{Z_t\}$ の**ウェーブレット表現** (wavelet representation)
>
> $$Z_t = \int_\Lambda \frac{1}{\sqrt{a}}\psi\left(\frac{t-b}{a}\right) dW_\lambda$$
>
> が得られる．この時系列 $\{Z_t\}$ が弱定常過程になるための必要十分条件は [17] で与えられている．なお ψ はウェーブレット関数と呼ばれる．

定理 4 は，$\{Z_t\}$ が弱定常過程ならば式 (1.7) と表せることを示しているが，逆に，時系列 $\{Z_t\}$ が式 (1.7) と表現できれば $\{Z_t\}$ は弱定常過程である．これは，次節で述べるように，$\{Z_t\}$ が式 (1.7) と表現できたときの自己共分散関数のスペクトル表現を導けば，自己共分散関数が時間 t にはよらず，時間差 h だけから定まることから確認できる．

1.2.2 自己共分散関数のスペクトル表現

ここでは，時系列 $\{Z_t\}$ がスペクトル表現 (1.7) をもつとき，自己共分散関数 γ_h との関係を詳しく見てみよう．まず，リーマン・スティルチェス積分 $\int f(\lambda) dW_\lambda$ が，

$$\sum_k f(\lambda_k)(W_{\lambda_{k+1}} - W_{\lambda_k})$$

の極限で表せることを思い出せば，

$$\left\langle \int f(\lambda) dW_\lambda, x \right\rangle = \int f(\lambda) d_\lambda \langle W_\lambda, x \rangle$$
$$\left\langle x, \int f(\lambda) dW_\lambda \right\rangle = \int \overline{f(\lambda)} d_\lambda \langle x, W_\lambda \rangle$$

が成り立つ. これを用いれば, γ_h は,

$$\begin{aligned}\gamma_h = \langle Z_{t+h}, Z_t\rangle &= \left\langle \int_{-\infty}^{\infty} e^{2\pi i(t+h)\lambda} dW_\lambda, \int_{-\infty}^{\infty} e^{2\pi it\mu} dW_\mu \right\rangle \\ &= \int_{-\infty}^{\infty} e^{2\pi i(t+h)\lambda} d_\lambda \left\langle W_\lambda, \int_{-\infty}^{\infty} e^{2\pi it\mu} dW_\mu \right\rangle \\ &= \int_{-\infty}^{\infty} e^{2\pi i(t+h)\lambda} d_\lambda \left(\int_{-\infty}^{\infty} e^{-2\pi it\mu} d_\mu \langle W_\lambda, W_\mu\rangle\right)\end{aligned} \quad (1.8)$$

と表せる. さらに,

$$d_\mu \langle W_\lambda, W_\mu\rangle = \begin{cases} \|dW_\mu\|^2, & \lambda \geq \mu \\ 0, & \lambda < \mu \end{cases}$$

であることを用いれば,

$$\begin{aligned}d_\lambda \left(\int_{-\infty}^{\infty} e^{-2\pi it\mu} d_\mu \langle W_\lambda, W_\mu\rangle\right) &= d_\lambda \left(\int_{-\infty}^{\lambda} e^{-2\pi it\mu} \|dW_\mu\|^2\right) \\ &= \lim_{\delta \to 0} \int_\lambda^{\lambda+\delta} e^{-2\pi it\mu} \|dW_\mu\|^2 \\ &= e^{-2\pi it\lambda} \|dW_\lambda\|^2\end{aligned}$$

を得る. これを式 (1.8) に代入することで, 自己共分散関数 γ_h のスペクトル表現

$$\gamma_h = \int_{-\infty}^{\infty} e^{2\pi ih\lambda} \|dW_\lambda\|^2$$

が得られる.

問題 3 直交増分過程の性質を用いて $\|dW_\lambda\|^2 = d\|W_\lambda\|^2$ であることを確かめなさい.

さらに, 関数 $F(\lambda)$ を,

$$F(\lambda) = \int_{-\infty}^{\lambda} dF(\lambda), \quad dF(\lambda) = \|dW_\lambda\|^2, \quad F(-\infty) = 0$$

と定義すれば, 一般的な自己共分散関数 γ_h のスペクトル表現

$$\gamma_h = \int_{-\infty}^{\infty} e^{2\pi ih\lambda} dF(\lambda) \tag{1.9}$$

が得られる．

ここでの $dF(\lambda)$ は定義からわかるように dW_λ の大きさ (power) である．したがって，$F(\lambda)$ は単に自己共分散関数のスペクトル表現に現れる関数というだけでなく，$\{Z_t\}$ を $\{W_\lambda\}$ に変換（分解）したときの $\{W_\lambda\}$ の増分 dW_λ の大きさという意味のあることがわかる．このことから，$F(\lambda)$ はパワースペクトル関数あるいは**スペクトル分布関数** (spectral distribution function) と呼ばれる．問題3からわかるように $F(\lambda) = \|W_\lambda\|^2$ でもあり，式 (1.9) で $h = 0$ とおけばわかるように $F(\infty) = \gamma_0$ である．また右連続でもある．

なお，$\{W_\lambda\}$ は直交増分過程なので，その自己共分散は

$$\langle W_\lambda, W_\mu \rangle = \begin{cases} \|W_\mu\|^2 = F(\mu), & \lambda \geq \mu \\ \|W_\lambda\|^2 = F(\lambda), & \lambda < \mu \end{cases}$$

となり，$F(\lambda)$ だけで W_λ のすべての自己共分散が特定できることを注意しておく．

また，$F(\lambda)$ は，一般に

$$F(\lambda) = F_a(\lambda) + F_d(\lambda) + F_s(\lambda) \tag{1.10}$$

と，絶対連続の部分 $F_a(\lambda) = \int_{-\infty}^{\lambda} f(\lambda)d\lambda$，離散の部分 $F_d(\lambda)$，特異の部分 $F_s(\lambda)$ と分解でき，もし $F(\lambda)$ 自体が絶対連続，つまり $F_d(\lambda) = F_s(\lambda) = 0$ ならば，自己共分散関数 γ_h のスペクトル表現 (1.9) は $f(\lambda)$ を用いて

$$\gamma_h = \int_{-\infty}^{\infty} e^{2\pi ih\lambda} f(\lambda)d\lambda$$

と表せる．この $f(\lambda)$ を**スペクトル密度関数** (spectral density function) という．次の系1は，弱定常過程 $\{Z_t\}$ がスペクトル密度関数をもつための必要十分条件を与えている．

系1 (Corollary 4.3.2, [7])

弱定常過程 $\{Z_t\}$ が有限なスペクトル密度関数 $f(\lambda)$ をもつ，つまり $F(\lambda) = \int_{-\infty}^{\lambda} f(\lambda)d\lambda$ と表せる必要十分条件は，自己共分散関数 γ_h が

$$\sum_{h=-\infty}^{\infty} |\gamma_h| < \infty$$

を満たすことである．

1.3 スペクトル表現の具体例

ここまでに現れた関係をまとめると，図 1.1 のようになる．この図では，左右に時間領域と周波数領域，上下に確率過程と 2 次モーメントを配している．さらに，本節では，いくつかの代表的な場合について，その具体的な姿を見てみよう．

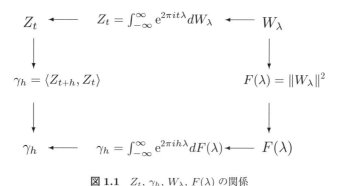

図 1.1 $Z_t, \gamma_h, W_\lambda, F(\lambda)$ の関係

● **時間 t が整数時間の場合**

時間 t が整数ならば，$e^{2\pi i t\lambda}$ は λ に関して周期 1 の周期関数である．したがって，$\{Z_t\}$ や γ_h のスペクトル表現は積分区間 $(-1/2, 1/2)$ を考えれば十分で，それぞれ

$$Z_t = \int_{-\frac{1}{2}}^{\frac{1}{2}} e^{2\pi i t \lambda} dW_\lambda, \quad \gamma_h = \int_{-\frac{1}{2}}^{\frac{1}{2}} e^{2\pi i h \lambda} dF(\lambda) \tag{1.11}$$

と表せる．さらに，$F(\lambda)$ が絶対連続で有限なスペクトル密度関数 $f(\lambda)$ をもつなら，$f(\lambda)$ は γ_h を用いて，

$$f(\lambda) = \sum_{h=-\infty}^{\infty} e^{-2\pi i h \lambda} \gamma_h$$

と（逆）表現できる．

- **弱定常過程 $\{Z_t\}$ が実数値しかとらない場合**

  $\{Z_t\}$ が実数値しかとらないことから，$Z_t = \overline{Z_t}$ が成り立ち，

$$\int_{-\infty}^{\infty} e^{2\pi i t \lambda} dW_\lambda = \int_{-\infty}^{\infty} e^{-2\pi i t \lambda} d\overline{W_\lambda} = \int_{-\infty}^{\infty} e^{2\pi i t \lambda} d\overline{W_{-\lambda}}$$

より，$dW_\lambda = d\overline{W_{-\lambda}}$ である．したがって，$dW_\lambda = dW_\lambda^{(1)} + i\, dW_\lambda^{(2)}$ のように実部と虚部に分けると，

$$dW_{-\lambda}^{(1)} = dW_\lambda^{(1)}, \quad dW_{-\lambda}^{(2)} = -dW_\lambda^{(2)} \tag{1.12}$$

である．これを用いれば，$\{Z_t\}$ のスペクトル表現は

$$\begin{aligned}
Z_t &= \int_{-\infty}^{\infty} e^{2\pi i t \lambda} \left\{ dW_\lambda^{(1)} + i dW_\lambda^{(2)} \right\} \\
&= \int_{-\infty}^{\infty} \cos(2\pi t \lambda) dW_\lambda^{(1)} - \int_{-\infty}^{\infty} \sin(2\pi t \lambda) dW_\lambda^{(2)} \\
&\quad + i \left\{ \int_{-\infty}^{\infty} \cos(2\pi t \lambda) dW_\lambda^{(2)} + \int_{-\infty}^{\infty} \sin(2\pi t \lambda) dW_\lambda^{(1)} \right\} \\
&= 2 \left\{ \int_0^{\infty} \cos(2\pi t \lambda) dW_\lambda^{(1)} - \int_0^{\infty} \sin(2\pi t \lambda) dW_\lambda^{(2)} \right\}
\end{aligned} \tag{1.13}$$

となる．一方，自己共分散関数 γ_h に関しては，

$$dF(\lambda) = \langle dW_\lambda, dW_\lambda \rangle = \langle d\overline{W_{-\lambda}}, d\overline{W_{-\lambda}} \rangle = dF(-\lambda) \tag{1.14}$$

も用いて，

$$\gamma_h = \int_{-\infty}^{\infty} \cos(2\pi t\lambda)dF(\lambda) + i\int_{-\infty}^{\infty} \sin(2\pi t\lambda)dF(\lambda)$$
$$= 2\int_{0}^{\infty} \cos(2\pi h\lambda)dF(\lambda)$$

となる．

また，$\{W_\lambda\}$ については，

$$dF(\lambda) = \|dW_\lambda\|^2 = \left\|dW_\lambda^{(1)}\right\|^2 + \left\|dW_\lambda^{(2)}\right\|^2$$

であり，直交増分過程であることから $\langle dW_\lambda, dW_{-\lambda}\rangle = 0$ が成り立つことを踏まえれば，

$$\langle dW_\lambda, dW_{-\lambda}\rangle = \left\|dW_\lambda^{(1)}\right\|^2 - \left\|dW_\lambda^{(2)}\right\|^2 + 2i\left\langle dW_\lambda^{(1)}, dW_\lambda^{(2)}\right\rangle = 0$$

より，

$$\left\|dW_\lambda^{(1)}\right\|^2 = \left\|dW_\lambda^{(2)}\right\|^2, \quad \left\langle dW_\lambda^{(1)}, dW_\lambda^{(2)}\right\rangle = 0$$

という関係があることもわかる．つまり，

$$\left\|dW_\lambda^{(1)}\right\|^2 = \left\|dW_\lambda^{(2)}\right\|^2 = \frac{1}{2}dF(\lambda) \tag{1.15}$$

である．

さらに，時間 t が整数時間の場合は，$[0, 1/2]$ の範囲だけの積分になるので，もし $\lambda = 1/2$ でジャンプがない，つまり F の $1/2$ における左極限 $F(1/2_-)$ と $F(1/2)$ が一致するなら，スペクトル表現は

$$Z_t = 2\left\{\int_0^{\frac{1}{2}} \cos(2\pi t\lambda)dW_\lambda^{(1)} - \int_0^{\frac{1}{2}} \sin(2\pi t\lambda)dW_\lambda^{(2)}\right\},$$
$$\gamma_h = 2\int_0^{\frac{1}{2}} \cos(2\pi h\lambda)dF(\lambda)$$

となる．

問題 4 $F(\lambda)$ が $\lambda = 1/2$ でジャンプをもつ場合に必要な修正を導きなさい．

1.3 スペクトル表現の具体例

● **弱定常過程 $\{Z_t\}$ が巡回過程の場合**

巡回過程 (circular process) とは，文字通り $\{Z_t\}$ が何らかの周期をもつ過程を指す．ここでは，時間 t が整数時間で，周期 r をもつ弱定常過程 $\{Z_t\}$，つまり $Z_{t+r} = Z_t$ となる弱定常過程を考える．この例は，$r \to \infty$ とすることによって任意の弱定常過程を近似できる簡単なモデルを与える点でも興味深い．

巡回過程 $\{Z_t\}$ は，別の確率変数の有限和で表すことができる．これを示すため，まずは自己共分散関数からスペクトル分布関数の増分 $dF(\lambda)$ を導出してみよう．増分 $dF(\lambda)$ の導出の方法はいくつかあるが，ここでは巡回行列の固有値を用いる方法で示す．自己共分散関数 γ_h について，$\gamma_h = \gamma_{h+r}$ ($h = 0, \pm 1, \pm 2, \ldots$) が成り立つことに注意すれば，$\{Z_1, Z_2, \ldots, Z_r\}$ の分散共分散行列は

$$\Gamma = \begin{pmatrix} \gamma_0 & \overline{\gamma_1} & \cdots & \overline{\gamma_{r-1}} \\ \gamma_1 & \gamma_0 & \cdots & \overline{\gamma_{r-2}} \\ \vdots & \vdots & & \vdots \\ \gamma_{r-1} & \gamma_{r-2} & \cdots & \gamma_0 \end{pmatrix} = \begin{pmatrix} \gamma_0 & \gamma_{r-1} & \cdots & \gamma_1 \\ \gamma_1 & \gamma_0 & \cdots & \gamma_2 \\ \vdots & \vdots & & \vdots \\ \gamma_{r-1} & \gamma_{r-2} & \cdots & \gamma_0 \end{pmatrix}$$

となる．この行列は，さらに $r \times r$ **巡回行列** (circular matrix)

$$A = \begin{pmatrix} 0 & 0 & \cdots & 0 & 1 \\ 1 & 0 & \cdots & 0 & 0 \\ 0 & 1 & \cdots & 0 & 0 \\ \vdots & \vdots & \ddots & \vdots & \vdots \\ 0 & 0 & \ldots & 1 & 0 \end{pmatrix}$$

を導入することで，$\Gamma = \sum_{h=1}^{r} \gamma_h A^h$ と表せる．ここで，行列 A の固有値 λ_j ($j = 1, 2, \ldots, r$) は，$\det(\lambda I - A) = \lambda^r - 1$ より，$\lambda_j = \exp(-2\pi i j / r)$ となることに注目しよう．これを用いれば，フロベニウスの定理（行列 B の固有値を $\lambda_1, \lambda_2, \ldots$ としたとき，任意の多項式 $p(x)$ を用いて変換した $p(B)$ の固有値は $p(\lambda_1), p(\lambda_2), \ldots$ で与えられるという定理）より，Γ の固有値 ν_j ($j = 1, 2, \ldots, r$) は，

$$\nu_j = \sum_{h=1}^{r} \gamma_h \lambda_j^h = \sum_{h=1}^{r} \gamma_h \exp\left(-\frac{2\pi i j h}{r}\right) \tag{1.16}$$

と明示的に表せる．また，この ν_j を用いて γ_h は

$$\gamma_h = \sum_{j=1}^{r} \frac{\nu_j}{r} \exp\left(\frac{2\pi i j h}{r}\right) \tag{1.17}$$

と表現できる．これは，実際に式 (1.17) を式 (1.16) に代入しても確認できる．ちなみに，r 次の単位根 $\omega = \exp(2\pi i/r)$ を導入して

$$\nu_j = \sum_{h=1}^{r} \gamma_h \omega^{-jh}, \quad \gamma_h = \frac{1}{r} \sum_{j=1}^{r} \nu_j \omega^{jh}$$

と表すこともできる．

問題 5 分散共分散行列 Γ が非負定符号行列であることから $\nu_j \geq 0$ を導きなさい．

○スペクトル分布関数 $F(\lambda)$

γ_h の表現 (1.17) とスペクトル表現を比較することで，

$$\gamma_h = \sum_{j=1}^{r} \frac{\nu_j}{r} \left(e^{2\pi i h}\right)^{\frac{j}{r}} = \int_{-\frac{1}{2}}^{\frac{1}{2}} \left(e^{2\pi i h}\right)^{\lambda} dF(\lambda) = \int_{-\frac{1}{2}}^{\frac{1}{2}} e^{2\pi i h \lambda} dF(\lambda) \tag{1.18}$$

が得られる．ここで $dF(\lambda)$ は周期関数であることから

$$\int_{-\frac{1}{2}}^{\frac{1}{2}} e^{2\pi i h \lambda} dF(\lambda) = \int_{0}^{1} e^{2\pi i h \lambda} dF(\lambda)$$

が成り立つので，この右辺と式 (1.18) の左辺を比較すれば，積分区間 $(0, 1]$ における $dF(\lambda)$ は，

1.3 スペクトル表現の具体例　21

$$dF(\lambda) = \begin{cases} \frac{\nu_j}{r}, & \lambda = \frac{j}{r} \ (j=1,2,\ldots,r) \\ 0, & \text{その他} \end{cases}$$

となり，スペクトル分布関数 $F(\lambda)$ はジャンプだけからなる分布関数であることがわかる．$(-1/2, 0]$ における $dF(\lambda)$ は，$(1/2, 1]$ における $dF(\lambda - 1)$ と等しいことに注意して，式 (1.18) の積分区間に合わせれば，

$$dF(\lambda) = \begin{cases} \frac{\nu_{j+r}}{r}, & \lambda = \frac{j}{r} \ (j = -r+m+1, -r+m+2, \ldots, 0) \\ \frac{\nu_j}{r}, & \lambda = \frac{j}{r} \ (j=1,2,\ldots,m) \\ 0, & \text{その他} \end{cases}$$

である．ただし，m は $r/2$ を超えない最大整数．

○ 直交増分過程 $\{W_\lambda\}$

$F(\lambda)$ のジャンプに対応して

$$dW_\lambda = \begin{cases} X_j, & \lambda = \frac{j}{r} \ (j = -r+m+1, -r+m+2, \ldots, m) \\ 0, & \text{その他} \end{cases}$$

つまり，$W_\lambda = \sum_{j/r \le \lambda} X_j$ と確率変数 $\{X_j\}$ の和の形で表せるはずである．この $\{X_j\}$ は，直交増分過程 W_λ の増分であるから，$\mathrm{E}(X_j) = 0$，$\|X_j\|^2 = dF(j/r)$，$j \ne k$ に対し $\langle X_j, X_k \rangle = 0$ を満たす確率変数である．

○ 巡回過程 $\{Z_t\}$ の表現

$$Z_t = \int_{-\frac{1}{2}}^{\frac{1}{2}} e^{2\pi i t \lambda} dW_\lambda = \sum_{j=-r+m+1}^{m} \exp\left(\frac{2\pi i t j}{r}\right) X_j \quad (1.19)$$

のように有限和で表現できる．$\{Z_t\}$ が実数値しかとらないときは，$X_j = X_j^{(1)} + i X_j^{(2)}$ と実部と虚部に分解すれば，式 (1.12) と同じように $X_{-j}^{(1)} = X_j^{(1)}$，$X_{-j}^{(2)} = -X_j^{(2)}$ が成り立っていることに注意することで，式 (1.19) は

$$Z_t = \sum_{j=-r+m+1}^{m} \left\{ X_j^{(1)} \cos\left(\frac{2\pi tj}{r}\right) - X_j^{(2)} \sin\left(\frac{2\pi tj}{r}\right) \right\}$$

となる．r が偶数なら

$$Z_t = X_0^{(1)} + X_m^{(1)} \cos(\pi t)$$
$$+ 2 \sum_{j=1}^{m-1} \left\{ X_j^{(1)} \cos\left(\frac{\pi tj}{m}\right) - X_j^{(2)} \sin\left(\frac{\pi tj}{m}\right) \right\},$$

r が奇数なら

$$Z_t = X_0^{(1)} + 2 \sum_{j=1}^{m} \left\{ X_j^{(1)} \cos\left(\frac{2\pi tj}{2m+1}\right) - X_j^{(2)} \sin\left(\frac{2\pi tj}{2m+1}\right) \right\}$$

と表すこともできる．

○ 自己共分散関数 $\{\gamma_h\}$

自己共分散関数 γ_h については，式 (1.19) と $\{X_j\}$ の性質から，

$$\gamma_h = \langle Z_{t+h}, Z_t \rangle$$
$$= \sum_{j=-r+m+1}^{m} \sum_{k=-r+m+1}^{m} \exp\left(\frac{2\pi i \{(t+h)j - tk\}}{r}\right) \langle X_j, X_k \rangle$$
$$= \sum_{j=-r+m+1}^{m} \exp\left(\frac{2\pi ihj}{r}\right) dF\left(\frac{j}{r}\right)$$

のように求まるが，これは，もちろん式 (1.17) の書き換えにすぎない．$\{Z_t\}$ が実数値しかとらないときは，式 (1.14) より $-1/2 < \lambda < 1/2$ で $dF(j/\lambda) = dF(-j/\lambda)$ であることに注意すれば，

$$\gamma_h = \sum_{j=-r+m+1}^{m} \cos\left(\frac{2\pi hj}{r}\right) dF\left(\frac{j}{r}\right)$$

と表現でき，r が偶数なら

$$\gamma_h = dF(0) + dF\left(\frac{1}{2}\right)\cos(\pi h) + 2\sum_{j=1}^{m-1}\cos\left(\frac{\pi h j}{m}\right)dF\left(\frac{j}{r}\right),$$

r が奇数なら

$$\gamma_h = dF(0) + 2\sum_{j=1}^{m}\cos\left(\frac{2\pi h j}{2m+1}\right)dF\left(\frac{j}{r}\right)$$

のように表すこともできる.

問題 6 なぜ，巡回過程には特定の周波数の波しか含まれないのか考えなさい.

- **弱定常過程 $\{Z_t\}$ がランダムな振動の場合**

時間 t が連続時間 $(-\infty < t < \infty)$ で，実数値のランダムな振動をする過程

$$Z_t = R\cos(2\pi(t + \Theta))$$

を考える．ただし，R は $0 \leq R < \infty$, $\mathrm{E}(R^2) = \sigma^2$ である確率変数，Θ は $(-1/2, 1/2]$ 上の一様分布に従う確率変数で，それぞれ振幅と振動を定め，互いに独立と仮定する．この $\{Z_t\}$ は，$Z_t = Z_{t+1}$ を満たすことから，連続時間で周期 1 の巡回過程である．図 1.2 は，$(r, \theta) = (1, -0.3)$, $(1.5, 0)$, $(2, 0.3)$, $(0.5, 0.2)$ のときの，時点 t における $\{Z_t\}$ を表している．確率変数 R と Θ のとる値によって，どのパスになるかが変わるが，R と Θ の値が一度定まると，$\{Z_t\}$ のとる値がすべての t について定まる時系列であることがわかる.

まず，自己共分散関数 γ_h を見てみると，

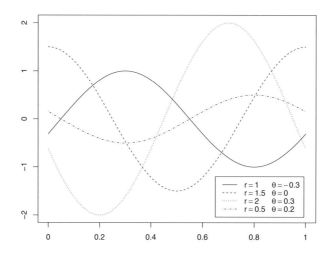

図 1.2 ランダムな振動のサンプルパスの例（横軸：t，縦軸：Z_t）

$$\begin{aligned}\gamma_h &= \mathrm{E}(R\cos(2\pi(t+h+\Theta))\cdot R\cos(2\pi(t+\Theta))) \\ &= \mathrm{E}\left(R^2\right)\mathrm{E}(\cos\left(2\pi(t+h+\Theta)\right)\cos(2\pi(t+\Theta))) \\ &= \frac{\sigma^2}{2}\mathrm{E}(\cos\left(2\pi(2t+h+2\Theta)\right)+\cos\left(2\pi h\right)) \\ &= \frac{\sigma^2}{2}\cos(2\pi h)\end{aligned}$$

より，$\gamma_{h+1} = \gamma_h$ を満たす．また，スペクトル分布関数の増分 $dF(\lambda)$ は，

$$dF(\lambda) = \begin{cases} \frac{\sigma^2}{4}, & \lambda = \pm 1 \\ 0, & \lambda \neq \pm 1 \end{cases}$$

となることが，γ_h のスペクトル表現に上の $dF(\lambda)$ を代入して，

$$\int_{-\infty}^{\infty} \mathrm{e}^{2\pi ih\lambda}dF(\lambda) = \frac{\sigma^2}{4}\left(\mathrm{e}^{2\pi ih}+\mathrm{e}^{-2\pi ih}\right) = \frac{\sigma^2}{2}\cos(2\pi h)$$

となっていることで確認できる．

また $\{Z_t\}$ は，スペクトル分布関数の増分 $dF(\lambda)$ の形から，dW_λ が $\lambda = \pm 1$ 以外では 0 になることを踏まえれば，

1.3 スペクトル表現の具体例

$$Z_t = \int_{-\infty}^{\infty} e^{2\pi it\lambda} dW_\lambda = e^{2\pi it} dW_1 + e^{-2\pi it} dW_{-1} \quad (1.20)$$

となる．ここで，

$$dW_\lambda = \begin{cases} \frac{R}{2} e^{2\pi i\Theta}, & \lambda = 1 \\ \frac{R}{2} e^{-2\pi i\Theta}, & \lambda = -1 \\ 0, & \lambda \neq \pm 1 \end{cases}$$

である．これは，式 (1.20) の右辺と

$$Z_t = R\cos(2\pi(t+\Theta)) = \frac{R}{2}\left(e^{2\pi i\Theta}e^{2\pi it} + e^{-2\pi i\Theta}e^{-2\pi it}\right)$$

の右辺を比較することで導ける．

- **弱定常過程 $\{Z_t\}$ がホワイトノイズの場合**

$\{Z_t\}$ が実数値をとり，

$$E(Z_t) = 0, \quad \langle Z_s, Z_t \rangle = \begin{cases} \sigma^2, & s = t \\ 0, & s \neq t \end{cases}$$

を満たすとき，**ホワイトノイズ**（白色雑音，white noise）と呼ばれる．ホワイトノイズは，期待値が 0，時間差 $h > 0$ の自己共分散が 0 という性質から，**無相関に変動する時系列**としてよく現れる．ホワイトノイズは等分散の直交過程とも呼ばれる．

ここで特に時間 t が整数時間の場合を見てみよう．すると，定義からもわかるように，自己共分散関数 γ_h は，

$$\gamma_h = \begin{cases} \sigma^2, & h = 0 \\ 0, & h \neq 0 \end{cases}$$

となり，スペクトル密度関数は $f(\lambda) = dF(\lambda)/d\lambda = \sigma^2$ となる．このことは，実際に γ_h のスペクトル表現 (1.11) に代入すれば，上の γ_h が得られることでも確認できる．

ホワイトノイズのホワイトはすべての色を等量混ぜると白になるのと同

じことで，すべての周波数の波が同じ強さで含まれていることからきている．一方，ノイズは「何の意味もない値」ともとれるが，そうではなく相関がゼロというだけにすぎない．「ノイズのように見える時系列」と理解しておいたほうがよい．第2章で紹介するウォルドの分解定理では，どのような弱定常時系列もホワイトノイズの和で書き表せることが示されるが，もしホワイトノイズを「何の意味もない値の列」と考えてしまうと，どんな弱定常時系列も何の意味もない値の系列から作られているといった誤解をしてしまうことになりかねないので注意が必要である．

また，$\{Z_t\}$に関しては，実数値しかとらないことと式 (1.13) から，

$$Z_t = 2\int_0^{\frac{1}{2}} \cos(2\pi t\lambda)dW_\lambda^{(1)} - 2\int_0^{\frac{1}{2}} \sin(2\pi t\lambda)dW_\lambda^{(2)}$$

と表せることがわかる．ただし，$dW_\lambda^{(1)}, dW_\lambda^{(2)}$はそれぞれ期待値0分散$\sigma^2 d\lambda/2$の直交増分である．これは，$\{Z_t\}$が実数値しかとらない場合に示した$dW_\lambda^{(1)}$と$dW_\lambda^{(2)}$の性質 (1.15) と，$dF(\lambda) = \sigma^2 d\lambda$ より導かれる．

さらに，$\{Z_t\}$がホワイトノイズで，任意の時間$(t_1, t_2, \ldots, t_n)$で同時分布$(Z_{t_1}, Z_{t_2}, \ldots, Z_{t_n})$が多変量正規分布に従うならば，$\{Z_t\}$を**正規ホワイトノイズ**といい，このとき対応する$\left\{W_\lambda^{(1)}\right\}$と$\left\{W_\lambda^{(2)}\right\}$はブラウン運動となる．なお，場合によってはホワイトノイズで正規ホワイトノイズを意味していることもあるので注意が必要である．

> **正規性**
>
> 時系列解析の中でもよく現れる**正規性** (normality) について，ここで少し補足しておこう．時系列$\{Z_t\}$が正規性をもつとは，任意のtにおいてZ_tが正規分布に従うだけではなく，任意の時間$(t_1, t_2, \ldots, t_n)$に関して，同時分布$(Z_{t_1}, Z_{t_2}, \ldots, Z_{t_n})$が多変量正規分布に従うときをいう．このとき，$\{Z_t\}$は**正規過程** (Gaussian process) とよばれることもある．
>
> このように同時分布で時系列の正規性を規定するのは，一般的に正規分布に従う確率変数XとYのそれぞれは正規分布に従う確率変数であっても(X,Y)の同時分布まで2変量正規分布になるとは限らないからである．簡単な例をあげれば，Xは期待値0，分散σ^2の正規分布に従う確率変数，Yは
>
> $$Y = \begin{cases} X, & |X| \geq c \text{のとき} \\ -X, & |X| < c \text{のとき} \end{cases}$$

1.3 スペクトル表現の具体例

で定義された確率変数とする.このとき,X あるいは Y だけに注目すれば,正規分布の対称性からいずれも正規分布に従う確率変数であるが,(X,Y) の同時分布は2変量正規分布でない.しかも,X と Y が無相関 $\langle X,Y \rangle = 0$ であるように c をうまく選ぶこともできる [22]. ちなみに,もし (X,Y) の同時分布が多変量正規分布で X と Y が無相関ならば,X と Y は独立であるが,この例ではもちろん独立にはならない.時系列のコンテクストでいえば,各 Z_t が正規分布に従うという仮定のみでは,Z_s と Z_t の独立性を $\langle Z_s, Z_t \rangle = 0$ から導くことはできない.

第 2 章

弱定常時系列の分解と予測

第 1 章では弱定常時系列がどのような表現をもつかを学んだ．本章では，時系列解析の 1 つの目標である「予測」に焦点を当てよう．なお，これ以降，時間 t は整数時間 ($t = 0, \pm 1, \pm 2, \ldots$) に限ることにする．

弱定常時系列 $\{Z_t\}$ の t 時点での値を予測する式としてすぐ思いつくのは，

$$\sum_{j=1}^{k} \beta_j Z_{t-j}$$

のような，過去の $\{Z_t\}$ の値の線形結合で表される予測式だろう．実際，過去のすべての $\{Z_t\}$ の値を用いた Z_t の**最良線形予測** (best linear prediction) Z_t^* は，

$$\left\| Z_t - \sum_{j=1}^{\infty} \beta_j Z_{t-j} \right\|^2$$

を最小にする $\sum_{j=1}^{\infty} \beta_j Z_{t-j}$ として定義できるが，このような最良線形予測が無条件に存在するわけではない．そのため，2.1 節でウォルドの分解定理から弱定常時系列ならばいつでも MA(∞) 表現ができることを示した上で，最良線形予測の存在を保証する AR(∞) 表現が可能な条件を与える．**ウォルドの分解定理**は，数学としてはヒルベルト空間上の直交分解にすぎないが，弱定常時系列を考える上では極めて重要である．まず 2.2

節でその証明を含め詳しく解説する．2.3 節では，最良線形予測の予測誤差を与えるコルモゴロフの公式を紹介する．

2.1 ウォルドの分解定理と $\mathbf{MA}(\infty)$ 表現，$\mathbf{AR}(\infty)$ 表現

はじめに**ウォルドの分解定理** (Wold decomposition theorem) に必要な，いくつかの定義を与えおく．まずヒルベルト空間

$$H_t = L_2(Z_s : s \leq t) = \overline{\left\{\sum_{s=-\infty}^{t} \alpha_s Z_s \text{の形の線形結合すべて}\right\}}$$

を定義する．ただし，バーは完備化である．定義から，$\cdots \subset H_{-1} \subset H_0 \subset H_1 \subset \cdots$ という包含関係は明らかであろう．さらに，すべての H_t に共通な空間

$$H_{-\infty} = \bigcap_t H_t$$

も定義しておく．

問題 7 $\dim(H_t - H_{t-1}) \leq 1$ であることを示しなさい．ただし，$H_t - H_{t-1} = H_t \bigcap H_{t-1}^\perp$ は H_t での H_{t-1} の直交補空間である．

定理 5 (ウォルドの分解定理)

$\{Z_t\}$ が期待値 0 の弱定常時系列ならば，

$$Z_t = \sum_{j=0}^{\infty} \theta_j u_{t-j} + v_t$$

と一意的に分解される．ただし，

(1) $\{u_t\}$ は，期待値 0，分散 1 の直交時系列で，$u_t \in H_t - H_{t-1}$
(2) θ_j は定数で $\sum_{j=0}^{\infty} |\theta_j|^2 < \infty$
(3) 任意の s, t について $u_s \perp v_t$
(4) $v_t \in H_{-\infty}$

である.

定理5の条件(3)は，時系列 $\{u_s\}$ と $\{v_s\}$ の直交を意味している．以降，**時系列の直交** (orthogonality of time seires) とは，このようにどのような時間の組み合わせでも変量が無相関，つまり直交していることをいう．**証明は次節**で行うことにして，まずはこの定理から最良線形予測の存在条件を調べよう．$v_t = 0$ と仮定すれば，定理5から $\{Z_t\}$ が期待値0，分散1の直交時系列である $\{u_t\}$ を用いて

$$Z_t = \sum_{j=0}^{\infty} \theta_j u_{t-j}$$

と表せる．これを **MA(∞) 表現**（無限次の移動平均表現，infinite order moving-average representation）と呼ぶ．もし予測に $u_{t-1}, u_{t-2}, \ldots$ を用いてもよければ $\{Z_t\}$ の最良線形予測は

$$\sum_{j=1}^{\infty} \theta_j u_{t-j}$$

で与えられるが，一般的に $u_{t-1}, u_{t-2}, \ldots$ は直接観測できる値ではないので，$Z_{t-1}, Z_{t-2}, \ldots$ にもとづく最良線形予測を求める必要がある．そのためには $\{u_t\}$ を $Z_{t-1}, Z_{t-2}, \ldots$ で表す表現

$$u_t = \sum_{j=0}^{\infty} \phi_j Z_{t-j}$$

が役立つ．これを，$\{Z_t\}$ の AR(∞) 表現（無限次の**自己回帰表現**，infinite order autoregressive representation）と呼ぶ．AR(∞) 表現が可能ならば，$\{Z_t\}$ の最良線形予測 Z_t^* は

$$Z_t^* = -\frac{1}{\phi_0} \sum_{j=1}^{\infty} \phi_j Z_{t-j}$$

として求まる．

2.1 ウォルドの分解定理と MA(∞) 表現，AR(∞) 表現

問題 8 Z_t^* が最良線形予測であることを確かめなさい．

したがって，AR(∞) 表現が可能であるための条件が，最良線形予測が存在するための条件にもなる．次の定理はそのための1つの十分条件を与える．その前に，複素関数の基本的な概念を簡単に復習しておく．複素関数 $f(z)$ が z の近傍で微分可能のとき，$f(z)$ は z で **正則** (holomorphic, regular) であるという．一方，z の近傍で収束べき級数で表せるなら $f(z)$ は z で **解析的** (analytic) であるという．複素関数 $f(z)$ がある領域で正則であることと解析的であることが同値なことはよく知られている．多項式はもちろん常に解析的であり正則である．

また，**後退シフト作用素** (backward shift operator) B，つまり $B^j Z_t = Z_{t-j}$ を導入すれば，MA(∞) 表現は，

$$Z_t = \Theta(B) u_t, \quad \Theta(z) = \sum_{j=0}^{\infty} \theta_j z^j$$

と表せ，AR(∞) 表現も同様に，

$$\Phi(B) Z_t = u_t, \quad \Phi(z) = \sum_{j=0}^{\infty} \phi_j z^j$$

と表せる．ここでの $\Theta(z)$ や $\Phi(z)$ のような（複素）関数は **伝達関数** (transfer function) と呼ばれる．$\{u_t\}$ と $\{Z_t\}$ を入力と出力あるいはその逆と見なしたとき，入力をどのような出力として伝えるかを表しているのが $\Theta(B)$ あるいは $\Phi(B)$ だからである．

なぜ後退シフト作用素 B を複素数 z で置き換えて，伝達関数を複素関数として扱うのか，その理由の1つは弱定常時系列のスペクトル表現 (1.7) にある．$\{Z_t\}$ が弱定常のときの AR(∞) 表現の左辺を例にすれば，

$$\Phi(B) Z_t = \int_{-\infty}^{\infty} \Phi(\mathrm{e}^{-2\pi i \lambda}) \mathrm{e}^{2\pi i t \lambda} dW_\lambda$$

となり，時間領域での作用素 $\Phi(B)$ が周波数領域では単位円上の複素関数 $\Phi(z)$ に移る．また，定理6の証明からもわかるように，$\Phi(z)$ が単位円板

上で正則であることが，時間領域での作用素 $\Phi(B)$ が正しく機能すること，つまり $\Phi(B)Z_t$ がきちんと定義されることを保証している．伝達関数を上のように形式的なべき級数で定義しただけでは架空の話になりかねない．その正当性を担保するのが，たとえば複素関数としての正則性である．

伝達関数が多項式の場合は，その多項式の次数を伝達関数の**次数** (order) と呼ぶ．また，伝達関数から z^k のような共通因子は除いておくのが普通である．このような因子は時間 t を一斉に進めたり，遅らせたりするだけの役割，つまり**フェーズシフト** (phase shift) の役割しか果たさないため，特に定常時系列では，単に時間を読み替えるだけの違いしかないからである．

<u>定理 6</u> (MA(∞) 表現が逆転可能 (invertible)，つまり AR(∞) 表現可能なための条件)

伝達関数 $\Theta(z)$ が $|z| \leq 1$ で 0 とならない正則関数ならば，$\{Z_t\}$ は AR(∞) 表現をもつ．

証明 条件から $\Phi(z) = 1/\Theta(z)$ も $|z| \leq 1$ で正則となるので，$|z| < 1 + \varepsilon$ で

$$\Phi(z) = \sum_{j=0}^{\infty} \phi_j z^j$$

なる収束表現（Taylor 展開）をもつ．したがって，$\phi_j(1+\frac{\varepsilon}{2})^j$ は $j \to \infty$ のとき 0 に収束する．これは，ある $K > 0$ が存在して，$j = 0, 1, \ldots$ で

$$|\phi_j| < K\left(1+\frac{\varepsilon}{2}\right)^{-j}$$

が成り立つことを意味し，この K を用いれば

$$\sum_{j=0}^{\infty}|\phi_j| < K\sum_{j=0}^{\infty}\left(1+\frac{\varepsilon}{2}\right)^{-j} < \infty$$

2.1 ウォルドの分解定理と MA(∞) 表現, AR(∞) 表現

であることがわかる. このことと,

$$\left\| \sum_{j=m+1}^{n} \phi_j Z_{t-j} \right\|^2 = \sum_{j=m+1}^{n} \sum_{k=m+1}^{n} \phi_j \bar{\phi}_k \gamma_{j-k} \leq \gamma_0 \left(\sum_{j=m+1}^{n} |\phi_j| \right)^2$$

が成り立つことに注意すれば, $S_n = \sum_{j=0}^{n} \phi_j Z_{t-j}$ は $L^2(Z)$ でのコーシー列であり, 極限 $S = \sum_{j=0}^{\infty} \phi_j Z_{t-j} \in L^2(Z)$ が存在する. これは, AR(∞) 表現 $\Phi(B) Z_t$ の存在にほかならない. □

この定理の証明から逆に, AR(∞) 表現の $\Phi(z)$ が $|z| \leq 1$ で 0 でなく正則ならば, MA(∞) 表現もできることがわかる. いずれにしろ, MA(∞) 表現の $\Theta(z)$ が $|z| \leq 1$ で 0 でなく正則ならば最良線形予測 Z_t^* が存在することがわかった.

なお, ここで, 定理 5 と定理 6 は, $\{Z_t\}$ が実数値の場合には, 係数を実数に制限しても成りたつことを注意しておく. 定理 5 はその証明から明らかであるし, 定理 6 は $\Theta(z)$ が実係数ならば $\Phi(z)$ も実係数となるからである.

問題 9 $\Theta(z)$ が実係数ならば, $1/\Theta(z)$ も実係数となることを示しなさい.

しかし, 実際の予測問題では, AR(∞) 表現にもとづく最良線形予測 Z_t^* は過去すべての観測値が必要となるので非現実的である. そのため, p 時点過去までしか遡らない p 次 **AR 過程** (autoregressive process) AR(p),

$$\sum_{j=0}^{p} \phi_j Z_{t-j} = \varepsilon_t$$

をモデルとして当てはめ, 近似的な予測値を求めることが多い. ただし, $\phi_0 = 1$ で $\{\varepsilon_t\}$ は $\mathrm{E}(\varepsilon_t) = 0$, $\|\varepsilon_t\|^2 = \sigma^2$ であるホワイトノイズである. AR 過程と AR モデルに関しては第 3 章で詳しく説明する.

2.2 ウォルドの分解定理の証明とその理解

ここでは，まず2.1節で紹介したウォルドの分解定理の証明をする．その上で，時系列を考える上でポイントとなる，純決定的・純非決定的，イノベーション，条件付き期待値と最良予測を，ウォルドの分解定理と関連させながら紹介しよう．

2.2.1 ウォルドの分解定理の証明

定理5の(1)から(4)までを順に証明し，最後に一意性を示す．まず，Z_s^* を Z_s の H_{s-1} への射影，つまり $\|Z_s - z\|^2$ を最小にする $z \in H_{s-1}$ とする．これを用いて，

$$u_s = \frac{Z_s - Z_s^*}{\|Z_s - Z_s^*\|^2}$$

と定義すれば，$\|u_s\|^2 = 1$ で $u_s \in H_s - H_{s-1}$ であり，また任意の $s \neq s'$ について $\langle u_s, u_{s'} \rangle = 0$ であるので，(1) が成り立っている．

次に，$\theta_j = \langle Z_t, u_{t-j} \rangle$ と定義し，$\sum_{j=0}^{\infty} \theta_j u_{t-j}$ が存在することを確認する．$\sum_{j=0}^{m} \theta_j u_{t-j}$ について，

$$0 \leq \left\| Z_t - \sum_{j=0}^{m} \theta_j u_{t-j} \right\|^2 = \|Z_t\|^2 - \sum_{j=0}^{m} |\theta_j|^2$$

より，任意の m について $\sum_{j=0}^{m} |\theta_j|^2 \leq \|Z_t\|^2$ であり，一方で $\|Z_t\|^2 = \gamma_0$ であるから，$\sum_{j=0}^{\infty} |\theta_j|^2 < \infty$ である．これで (2) が成り立っていることがわかる．これより

$$\left\| \sum_{j=0}^{m} \theta_j u_{t-j} - \sum_{j=0}^{n} \theta_j u_{t-j} \right\|^2 = \sum_{j=m+1}^{n} |\theta_j|^2$$

は，$m < n$ を十分大きくとることにより，いくらでも小さくできる．すなわち $\sum_{j=0}^{m} \theta_j u_{t-j}$ はコーシー列となり，極限 $\sum_{j=0}^{\infty} \theta_j u_{t-j}$ が存在する．この極限を用いて，$\{v_t\}$ を $v_t = Z_t - \sum_{j=0}^{\infty} \theta_j u_{t-j}$ と定義すれば，任意の s, t について $\{u_s\} \perp \{v_t\}$，つまり (3) が成り立つことがわかる．実際，

2.2 ウォルドの分解定理の証明とその理解

$s \leq t$ のとき

$$\langle u_s, v_t \rangle = \langle u_s, Z_t \rangle - \overline{\theta_{t-s}} \|u_s\|^2 = 0$$

で，$s > t$ のときは，$u_s \in H_s - H_t$ より $\{u_s\} \perp \{v_t\}$ となることから確認できる．

(4) を示すために，$v_t \notin H_s$ なる $s < t$ が存在すると仮定してみる．この $\{v_t\}$ を，

$$v_t = v_t^{(1)} + v_t^{(2)}, \quad v_t^{(1)} \in H_s, \quad v_t^{(2)} \in H_t - H_s$$

と分解すれば，仮定より $v_t^{(2)} \neq 0$ である．一方で，

$$H_t - H_s = \mathrm{span}\,\{u_{s+1}, u_{s+2}, \ldots, u_t\}$$

のように，$u_{s+1}, u_{s+2}, \ldots, u_t$ で張られる線形空間でもあるので，$v_t^{(2)} = \sum_{l=0}^{t-s-1} c_l u_{t-l}$ と表せる．これを用いれば，任意の $0 \leq l \leq t-s-1$ について

$$\langle v_t, u_{t-l} \rangle = \langle v_t^{(1)}, u_{t-l} \rangle + \langle v_t^{(2)}, u_{t-l} \rangle = 0 + c_l \|u_{t-l}\|^2 = c_l$$

であるが，前の議論より任意の s, t について $\{u_s\} \perp \{v_t\}$ であるから，結局 $c_l = 0$，つまり $v_t \notin H_s$ なる $s < t$ の存在に矛盾するので，(4) が成り立つ．

一意性については，次のように確認できる．もし別の θ_s', u_t', v_t' を用いて $Z_t = \sum_{s=0}^{\infty} \theta_s' u_{t-s}' + v_t'$ と書けたとする．まず (1) の $\dim(H_t - H_{t-1}) \leq 1$ から $u_t = u_t'$ であり，(4) からも同様に $v_t = v_t'$ である．これを踏まえれば，

$$\left\| \sum_{s=0}^{\infty} (\theta_s - \theta_s') u_{t-s} \right\|^2 = \sum_{s=0}^{\infty} |\theta_s - \theta_s'|^2 = 0$$

より，$\theta_s = \theta_s'$，つまり一意に分解されることがわかる．

2.2.2 純決定的と純非決定的

ここで，純決定的と純非決定的という2つの概念を紹介する．時系列 $\{Z_t\}$ のランダム性が時間 t に依存しないとき，$\{Z_t\}$ は**純決定的** (purely deterministic) であるという．たとえば，1.3節で例として紹介した巡回過程は，

$$Z_t = \sum_{j=-r+m+1}^{m} \exp\left(\frac{2\pi itj}{r}\right) X_j$$

と表せ，確率変数 X_j はいずれも時間 t に依存しない．また，ランダムな振動についても，

$$Z_t = R\cos 2\pi(t+\Theta)$$

で，確率変数 R と Θ は t とは無関係な変数である．つまり，どのサンプルパスになるかについてはランダム性があるが，サンプルパス自体は，途中でランダムに変化することはなく，あらかじめその通る位置はすべて定まってしまっているのが純決定的な時系列である．

ウォルド分解定理の $\{v_t\}$ は純決定的であり，その意味で $\{Z_t\}$ の決定的部分と呼ばれる．逆に，この部分が0なら $\{Z_t\}$ は**純非決定的** (purely non-deterministic) と呼ばれる．1.3節で例として紹介したホワイトノイズはもちろん純非決定的な時系列である．

ヒルベルト空間で考えると，ある t で $\dim(H_t - H_{t-1}) = 0$ が成り立っていれば，$Z_t = v_t$ となり純決定的であることがわかる．これは以下のように順に見ていけば明らかである．もし，ある t で $\dim(H_t - H_{t-1}) = 0$ が成り立っていれば，弱定常性からすべての t で $\dim(H_t - H_{t-1}) = 0$ のはずである．さらに，もしある $s_0 < t_0$ で $\dim(H_{t_0} - H_{s_0}) < t_0 - s_0$ ならば，すべての $s < t$ で $\dim(H_t - H_s) = 0$ となる．したがって，任意の t について $H_t = H_{-\infty}$ となり，純決定的である．このような特殊な場合以外は $\dim(H_t - H_{t-1}) = 1$ で，純決定的な部分と純非決定的な部分が混じった時系列となる．

さらに，ウォルドの分解定理をスペクトルの言葉で解釈し直すと，u_t,

2.2 ウォルドの分解定理の証明とその理解

v_t もそれぞれ弱定常時系列であるので

$$u_t = \int e^{2\pi it\lambda} dU_\lambda, \quad v_t = \int e^{2\pi it\lambda} dV_\lambda$$

と表せる．したがって，

$$Z_t = \sum_{j=0}^\infty \theta_j u_{t-j} + v_t$$
$$= \int e^{2\pi it\lambda} \left\{ \left(\sum_{j=0}^\infty \theta_j e^{-2\pi ij\lambda} \right) dU_\lambda + dV_\lambda \right\}$$

となり，$\{U_\lambda\} \perp \{V_\lambda\}$ に注意すれば

$$dF(\lambda) = \left\| \sum_{j=0}^\infty \theta_j e^{-2\pi ij\lambda} dU_\lambda \right\|^2 + \|dV_\lambda\|^2 = \left| \sum_{j=0}^\infty \theta_j e^{-2\pi ij\lambda} \right|^2 d\lambda + \|dV_\lambda\|^2$$

を得る．この形から，純非決定的な部分がスペクトルの絶対連続部分に，純決定的な部分が残りの絶対連続でない部分に対応していることがわかる．

2.2.3 イノベーション

ここで，この後の議論でもしばしば用いられるイノベーションという言葉について，少し説明をしておこう．さまざまな定義があり，結果的にはどれも同じものを指しているが，一見するとその関係がわかりにくいので，順を追って見ていくことにする．

一般的に，**イノベーション**（革新，innovation）という言葉は**過去とは一線を画した新しいもの**という意味で使われる．これを時系列解析のコンテクストで考えれば，何らかのノルム $\|\cdot\|$ で，

$$\|Z_t - f(Z_{t-1}, Z_{t-2}, \ldots)\|$$

を最小にする関数 $\hat{f}$ を用いて定義した

$$\varepsilon_t = Z_t - \hat{f}(Z_{t-1}, Z_{t-2}, \ldots)$$

が「過去の $Z_{t-1}, Z_{t-2}, \ldots$ では表せない新しいもの」であり，1つのイノベーションである．もし内積も導入されていれば，イノベーション ε_t は過去の $Z_{t-1}, Z_{t-2}, \ldots$ と直交する．

ウォルドの分解定理の $\{u_t\}$ は，その作り方から $\{Z_t\}$ のイノベーションであり，しかも一意である．本書では以降，$\{u_t\}$ のように各時点で時系列 $\{Z_t\}$ の過去すべてと直交する時系列を**イノベーション**と呼ぶことにする．また，$\{u_t\}$ のように分散1に正規化されたイノベーションを**標準イノベーション**と呼ぶ．もちろん，この定義は広義であり，次節の議論からもわかるように，一般的には $\{Z_t\}$ の過去と常に**独立**であるような時系列のことをイノベーションと呼ぶことが多い．

なお，時系列のコンテクストを離れれば，イノベーションは**なにか新しいもの**であり，必ずしも**過去と一線を画す**必要はない．たとえば**空間データ**なら，周囲の値に新しい値が加わることでその場所の値が定まるといった形での回帰モデルも構成されるが，この「新しい値」がイノベーションである．

ウォルドの分解定理とその証明からわかるように弱定常時系列の標準イノベーションは $\{u_t\}$ に限られ自動的にホワイトノイズでもある．したがって，イノベーションの定義にホワイト性，つまり直交性と等分散性を含めてしまっても問題はないが，本来異なる概念であり，時系列のコンテクストを離れれば必ずしも自動的に満たされるわけでもないので，本書ではホワイト性を強調し，イノベーションのことを**ホワイトなイノベーション** (white innovation) と呼ぶこともある．

2.2.4 条件付き期待値と最良予測

確率変数 Y と Z に対し，Y による Z の**最良予測** (best prediction) とは，あるノルム $\|\cdot\|^2$ を用いて，$\|Z - g(Y)\|^2$ を最小にする $g(Y)$ のことをいう．ここで，ノルム（の2乗）としてこれまでと同じように $\mathrm{E}|\cdot|^2$ を考えれば，**条件付き期待値** $\mathrm{E}(Z|Y)$ が常に最良予測を与える．これは，g を任意の（可測な）関数，$\mathrm{E}_{Y,Z}$ を Y, Z に関する期待値としたとき，

2.2 ウォルドの分解定理の証明とその理解

$$
\begin{aligned}
\mathrm{E}_{Y,Z}|Z-g(Y)|^2 &= \mathrm{E}_{Y,Z}|Z-\mathrm{E}(Z|Y)+\mathrm{E}(Z|Y)-g(Y)|^2 \\
&= \mathrm{E}_{Y,Z}|Z-\mathrm{E}(Z|Y)|^2 + \mathrm{E}|\mathrm{E}(Z|Y)-g(Y)|^2 \\
&\quad + \mathrm{E}_{Y,Z}\left[\{Z-\mathrm{E}(Z|Y)\}\overline{\{\mathrm{E}(Z|Y)-g(Y)\}}\right] \\
&\quad + \mathrm{E}_{Y,Z}\left[\{\mathrm{E}(Z|Y)-g(Y)\}\overline{\{Z-\mathrm{E}(Z|Y)\}}\right] \\
&= \mathrm{E}_{Y,Z}|Z-\mathrm{E}(Z|Y)|^2 + \mathrm{E}_{Y,Z}|\mathrm{E}(Z|Y)-g(Y)|^2 \\
&\geq \mathrm{E}_{Y,Z}|Z-\mathrm{E}(Z|Y)|^2
\end{aligned}
$$

が成立することからわかる．ちなみに，この不等式はこのノルムのもとでの Z の Y への**射影** (projection) が，条件付き期待値 $\mathrm{E}(Z|Y)$ で与えられることも示している．

上の不等式から，最良**線形予測** Z_t^* については，

$$
\mathrm{E}|Z_t-Z_t^*|^2 \geq \mathrm{E}|Z_t-\mathrm{E}(Z_t|Z_{t-1},Z_{t-2},\ldots)|^2
$$

となり，必ずしも等号は成り立たない．つまり Z_t^* は必ずしも最良予測ではない．ウォルドの分解定理を用いれば $\mathrm{E}(Z_t|Z_{t-1},Z_{t-2},\ldots)$ と Z_t^* は

$$
\mathrm{E}(Z_t|Z_{t-1},Z_{t-2},\ldots) = Z_t^* + \theta_0 \mathrm{E}(u_t|Z_{t-1},Z_{t-2},\ldots)
$$

の関係にあり，$\{u_t\}$ の期待値は 0 であるが，条件付き期待値 $\mathrm{E}(u_t|Z_{t-1},Z_{t-2},\ldots)$ が必ずしも 0 ではないことがその理由である．これは，$\{u_t\}$ が直交時系列でも独立時系列になっているとは限らないからといってもよい．もちろん，条件付き期待値 $\mathrm{E}(Z_t|Z_{t-1},Z_{t-2},\ldots)$ が，

$$
\mathrm{E}(Z_t|Z_{t-1},Z_{t-2},\ldots) = \alpha + \sum_{j=1}^{\infty}\beta_j Z_{t-j}
$$

のように $Z_{t-1},Z_{t-2},\ldots$ の線形結合で表せれば，最良線形予測 Z_t^* と最良予測 $\mathrm{E}(Z_t|Z_{t-1},Z_{t-2},\ldots)$ は一致する．特に $\{Z_t\}$ が正規時系列の場合は，条件付き期待値が常に上のように線形結合で表されることから，最良線形予測と最良予測は一致する．

2.3 最良線形予測の予測誤差

$Z_{t-1}, Z_{t-2}, \ldots$ が与えられたときの Z_t の最良線形予測 Z_t^*,つまり

$$\left\| Z_t - \sum_{j=1}^{\infty} \beta_j Z_{t-j} \right\|^2$$

を最小にする $Z_t^* = \sum_{j=1}^{\infty} \beta_j Z_{t-j}$ の予測誤差

$$\| Z_t - Z_t^* \|^2$$

に関しては,次の**コルモゴロフの定理** (Kolmogorov's theorem) による簡潔な表現が知られている.

定理 7 (Szegö-Kolmogorov 式)

$\{Z_t\}$ が整数時間実数値弱定常時系列で連続なスペクトル密度 $f(\lambda)$ だけをもち,$f(-\frac{1}{2}) = f(\frac{1}{2}-)$ であるとする.このとき,$f(\lambda) > 0$,$-\frac{1}{2} \leq \lambda < \frac{1}{2}$ ならば,最良線形予測 Z_t^* の予測誤差は

$$\sigma^2(f) = \exp\left(\int_{-\frac{1}{2}}^{\frac{1}{2}} \log f(\lambda) d\lambda \right)$$

で与えられる.

この定理を証明するため,2つの補題と,それから導かれる1つの系を先に示しておこう.

補題 1 (フェイェール (Fejér) の定理)

関数 $f(\lambda)$ が $-\frac{1}{2} \leq \lambda < \frac{1}{2}$ で連続で,$f(-\frac{1}{2}) = f(\frac{1}{2}-)$ ならば,部分フーリエ級数

$$(S_n f)(\lambda) = \sum_{j=-n}^{n} a_j \mathrm{e}^{2\pi i j \lambda}$$

の**チェザロ平均** (Cesàro mean)

2.3 最良線形予測の予測誤差

$$\frac{1}{n}\{(S_0 f)(\lambda) + (S_1 f)(\lambda) + \cdots + (S_{n-1} f)(\lambda)\}$$

は $f(\lambda)$ に一様収束する．ただし，ここで

$$a_j = \int_{-\frac{1}{2}}^{\frac{1}{2}} f(\lambda) \mathrm{e}^{-2\pi i j \lambda} d\lambda$$

である．

> **チェザロ平均**
> 一般に，ノルム $\|\cdot\|$ に対し，$\|f\| < \infty$ である限り
> $$\lim_{n\to\infty} \|S_n f - f\|^2 = \lim_{n\to\infty} \int |S_n f(\lambda) - f(\lambda)|^2 \, d\lambda = 0$$
> が成立するが，$(S_n f)(\lambda)$ が $f(\lambda)$ に各 λ で収束するかどうかまでは保証されない．もちろん，$f(\lambda)$ が無限回連続微分可能であれば，対応する伝達関数が単位円上で正則であるので，定理 6 の証明と同じようにして $\sum_{j=-\infty}^{\infty} |a_j| < \infty$ がいえ，$(S_n f)(\lambda)$ は $f(\lambda)$ に各点収束するが，このような条件がない限り，各点収束するとは限らない．そこで代わりとなるのが上のチェザロ平均であり，収束の一様性も保証される（フェイェールの定理の証明については，たとえば [40] の §74 などを参照）．

補題 2

関数 $f(\lambda)$ が $-\frac{1}{2} \leq \lambda < \frac{1}{2}$ において連続で，$f(\lambda) = f(-\lambda)$, $f(-\frac{1}{2}) = f(\frac{1}{2}-)$ ならば，任意の $\varepsilon > 0$ に対して

$$\left| f(\lambda) - \sigma^2 \left| g_\varepsilon \left(\mathrm{e}^{2\pi i \lambda} \right) \right|^2 \right| < \varepsilon \tag{2.1}$$

となるような実係数の p 次多項式

$$g_\varepsilon(z) = 1 + g_1 z + \cdots + g_p z^p$$

が存在する．ただし，$|z| \leq 1$ で $g_\varepsilon(z) \neq 0$,

$$\sigma^2 = \left(\int_{-\frac{1}{2}}^{\frac{1}{2}} f(\lambda) d\lambda \right) \Big/ (1 + g_1^2 + \cdots + g_p^2)$$

である．

証明 $f(\lambda) \equiv 0$ なら $\sigma^2 = 0$ であり，どんな $g_\varepsilon(z)$ でも式 (2.1) を満たすので補題が成立する．あとは $M = \sup_\lambda f(\lambda) > 0$ のときに補題が成り立つことを示せばよい．$\delta > 0$ に対して $f^\delta(\lambda) = \max\{f(\lambda), \delta\}$ を定義すれば，$f^\delta(\lambda) \geq \delta$ で $0 \leq f^\delta(\lambda) - f(\lambda) \leq \delta$ である．補題 1 を用いれば，任意の $\varepsilon > 0$ に対し，十分大きな n ではどの λ についても

$$\left| f_n^\delta(\lambda) - f^\delta(\lambda) \right| < \varepsilon$$

が成り立つ．ここで，$f_n^\delta(\lambda)$ は，

$$f_n^\delta(\lambda) = \frac{1}{n} \sum_{k=0}^{n-1} S_k f^\delta(\lambda) > 0, \quad S_j f(\lambda) = \sum_{j=-k}^{k} a_j \mathrm{e}^{2\pi i j \lambda}$$

である．この $f^\delta(\lambda)$, $f_n^\delta(\lambda)$ を用いれば，式 (2.1) は

$$\left| f(\lambda) - f^\delta(\lambda) \right| + \left| f^\delta(\lambda) - f_n^\delta(\lambda) \right| + \left| f_n^\delta(\lambda) - \sigma^2 \left| g_\varepsilon\left(\mathrm{e}^{2\pi i \lambda}\right) \right|^2 \right| \quad (2.2)$$

で上から抑えられ，あとはこの第 3 項が上から抑えられることを示せばよい．

$f(\lambda)$ の対称性より $f^\delta(\lambda)$ も対称となり，

$$a_j = \int_{-\frac{1}{2}}^{\frac{1}{2}} f^\delta(\lambda) \mathrm{e}^{-2\pi i j \lambda} d\lambda$$

は実数で，$a_j = a_{-j}$ である．これから負のべき乗も含む多項式

$$P(z) = \frac{1}{n} \sum_{k=0}^{n-1} \sum_{j=-k}^{k} a_j z^j$$

を作れば，$f_n^\delta(\lambda) = P\left(\mathrm{e}^{2\pi i \lambda}\right)$ である．これが $P\left(\mathrm{e}^{2\pi i \lambda}\right) = c_2 \left| g_\varepsilon(\mathrm{e}^{2\pi i \lambda}) \right|^2$ と表せることを示そう．$p = \min\{k : a_l = 0, l \geq k\}$ とすれば，$a_{p+1} = a_{p+2} = \cdots = 0$ であり，$P(z)$ はその形から $2p$ 個の根，つまり $\alpha_1, \alpha_2, \ldots, \alpha_p$ とその逆数をとった $\alpha_1^{-1}, \alpha_2^{-1}, \ldots, \alpha_p^{-1}$ をもつ．ただし，$|\alpha_j| > 1$, $j = 1, \cdots, p$ にとっておく．これは，$P(\mathrm{e}^{2\pi i \lambda}) > 0$，つまり単位円上に根をもたないことから確認できる．ある定数 c_1 と $2p$ 個の根を用いれば

$P(z)$ は

$$P(z) = c_1 z^{-p} \prod_{j=1}^{p} \left(1 - \alpha_j^{-1} z\right) \left(1 - \alpha_j z\right)$$

と表せるはずである．一方，

$$g_\varepsilon(z) = \prod_{j=1}^{p} \left(1 - \alpha_j^{-1} z\right) = 1 + g_1 z + \cdots + g_p z^p \tag{2.3}$$

と定義すれば，$|z| \leq 1$ で $g_\varepsilon(z) \neq 0$ であり，

$$\begin{aligned} g_\varepsilon(z) g_\varepsilon\left(z^{-1}\right) &= \prod_{j=1}^{p} \left(1 - \alpha_j^{-1} z\right)\left(1 - \alpha_j^{-1} z^{-1}\right) \\ &= \left((-1)^p \prod_{j=1}^{p} \alpha_j^{-1}\right) z^{-p} \prod_{j=1}^{p} \left(1 - \alpha_j^{-1} z\right)\left(1 - \alpha_j z\right) \end{aligned}$$

と表現できることから，$P(z)$ と $g_\varepsilon(z) g_\varepsilon\left(z^{-1}\right)$ は定数倍の違いを除いて一致することがわかる．ここで，$P(z)$ は和の順番を考慮すれば

$$P(z) = \sum_{k=-n}^{n} \left(1 - \frac{|k|}{n}\right) a_k z^k$$

と書け，z^0 の係数，つまり定数項は，$a_0 = \int_{-\frac{1}{2}}^{\frac{1}{2}} f^\delta(\lambda) d\lambda$ であることがわかる．一方 $g_\varepsilon(z) g_\varepsilon(z^{-1})$ における定数項は $1 + \sum_{j=1}^{p} g_j^2$ であることから，比較して

$$P(z) = c_2 g_\varepsilon(z) g_\varepsilon(z^{-1}), \quad c_2 = \frac{\int_{-\frac{1}{2}}^{\frac{1}{2}} f^\delta(\lambda) d\lambda}{1 + \sum_{j=1}^{p} g_j^2}$$

を得る．よって，$f_n^\delta(\lambda) = P\left(\mathrm{e}^{2\pi i \lambda}\right) = c_2 \left|g_\varepsilon(\mathrm{e}^{2\pi i \lambda})\right|^2$ を使えば，式 (2.2) の第 3 項は，

$$\left| f_n^\delta(\lambda) - \sigma^2 \left| g_\varepsilon \left(e^{2\pi i \lambda} \right) \right|^2 \right| = \left| c_2 - \sigma^2 \right| \left| g_\varepsilon \left(e^{2\pi i \lambda} \right) \right|^2$$

$$= \frac{\left| \int_{-\frac{1}{2}}^{\frac{1}{2}} \{ f^\delta(\lambda) - f(\lambda) \} d\lambda \right|}{1 + g_1^2 + \cdots + g_p^2} \left| g_\varepsilon \left(e^{2\pi i \lambda} \right) \right|^2$$

となり，ここで，

$$\frac{\left| g_\varepsilon \left(e^{2\pi i \lambda} \right) \right|^2}{1 + g_1^2 + \cdots + g_p^2} = \frac{f_n^\delta(\lambda)}{\int_{-\frac{1}{2}}^{\frac{1}{2}} f^\delta(\lambda) d\lambda} \leq \frac{f^\delta(\lambda) + \varepsilon}{\int_{-\frac{1}{2}}^{\frac{1}{2}} f^\delta(\lambda) d\lambda}$$

であるので，δ を十分小さくとれば $\left| \int_{-\frac{1}{2}}^{\frac{1}{2}} \{ f^\delta(\lambda) - f(\lambda) \} d\lambda \right|$ を十分小さくでき，式 (2.1) が成り立つことが示せた． □

系 2

補題 2 と同じ仮定のもと，$f(\lambda)$ をいくらでも近似するスペクトル密度関数 $1/g(\lambda)$ をもつ AR 過程が存在する．

証明 $f^\delta(\lambda) = \max\{f(\lambda), \frac{\delta}{2}\}$ とすれば，$f^\delta(\lambda) \geq \frac{\delta}{2}$ より $1/f^\delta(\lambda)$ が存在するので，これを補題 2 に適用すれば

$$\left| \frac{1}{f^\delta(\lambda)} - \sigma^2 \left| g_\varepsilon \left(e^{-2\pi i \lambda} \right) \right|^2 \right| < \varepsilon$$

なる $g_{\varepsilon(z)}$ が存在する．ここで，$g(\lambda) = \sigma^2 \left| g_\varepsilon \left(e^{-2\pi i \lambda} \right) \right|^2$ とおけば，$f^\delta(\lambda), g(\lambda), \varepsilon > 0$ であるから上の式から $\{1 - \varepsilon f^\delta(\lambda)\}/f^\delta(\lambda) < g(\lambda)$ であることを使えば，

$$\left| f^\delta(\lambda) - \frac{1}{g(\lambda)} \right| = \frac{f^\delta(\lambda)}{g(\lambda)} \left| \frac{1}{f^\delta(\lambda)} - g(\lambda) \right| \leq \frac{f^\delta(\lambda)^2}{1 - \varepsilon f^\delta(\lambda)} \cdot \varepsilon$$

となるので，

$$\left| f(\lambda) - \frac{1}{g(\lambda)} \right| \leq |f(\lambda) - f^\delta(\lambda)| + \left| f^\delta(\lambda) - \frac{1}{g(\lambda)} \right| \leq \frac{\delta}{2} + \frac{\delta}{2} = \delta$$

が成り立つように十分小さく ε をとることができる．したがって，AR(p) 過程

2.3 最良線形予測の予測誤差

$$g_\varepsilon(B)Z_t = a_t \,, \quad \mathrm{E}|a_t|^2 = \frac{1}{\sigma^2}$$

を考えれば，$\{Z_t\}$ は $f(\lambda)$ を δ の誤差で近似するスペクトル密度関数 $1/g(\lambda)$ をもつ弱定常時系列である． □

証明（定理 7）　まず，$\{Z_t\}$ が次のような AR(p) 過程であるときに示す．つまり，

$$\Phi(z) = 1 + \phi_1 z + \cdots + \phi_p z^p$$

として

$$\Phi(B)Z_t = a_t$$

を満たすとする．ただし，$\{a_t\}$ は $\mathrm{E}(a_t) = 0$, $\|a_t\|^2 = \sigma^2$ である直交時系列で，$\{a_t\}$ は $\{Z_t\}$ のイノベーションである．さらに，$|z| \leq 1$ で $\Phi(z) \neq 0$ であることを仮定すれば，$\Phi(z) = 0$ の根 $\alpha_1^{-1}, \alpha_2^{-1}, \cdots, \alpha_p^{-1}$ は，$|\alpha_j| < 1$, $j = 1, 2, \ldots, p$ であり，$\Phi(z)$ は

$$\Phi(z) = \prod_{j=1}^{p}(1 - \alpha_j z)$$

と分解できる．これを用いれば，$\{Z_t\}$ のスペクトル密度関数は

$$f(\lambda) = \frac{\sigma^2}{|\Phi(\mathrm{e}^{2\pi i \lambda})|^2} = \frac{\sigma^2}{\prod_{j=1}^{p}|1 - \alpha_j \mathrm{e}^{2\pi i \lambda}|^2}$$

と表せることになる．ここで，$|z| < 1$ でマクローリン展開

$$\log(1 - z) = -\sum_{j=1}^{\infty}\frac{z^j}{j}$$

ができることを使えば，$|\alpha| < 1$ なる複素数 α に対して

$$\int_{-\frac{1}{2}}^{\frac{1}{2}} \log\left|1-\alpha e^{-2\pi i\lambda}\right|^2 d\lambda = \int_{-\frac{1}{2}}^{\frac{1}{2}} \log\left\{\left(1-\alpha e^{-2\pi i\lambda}\right)\left(1-\bar{\alpha}e^{2\pi i\lambda}\right)\right\} d\lambda$$
$$= -\int_{-\frac{1}{2}}^{\frac{1}{2}} \left(\sum_{j=1}^{\infty} \frac{\alpha^j e^{-2\pi ij\lambda}}{j} + \sum_{j=1}^{\infty} \frac{\alpha^{-j} e^{2\pi ij\lambda}}{j}\right) d\lambda$$
$$= 0$$

であり，これを用いれば，

$$\int_{-\frac{1}{2}}^{\frac{1}{2}} \log f(\lambda) d\lambda = \int_{-\frac{1}{2}}^{\frac{1}{2}} \log \sigma^2 d\lambda - \sum_{j=1}^{p} \int_{-\frac{1}{2}}^{\frac{1}{2}} \log\left|1-\alpha_j e^{2\pi i\lambda}\right|^2 d\lambda = \log \sigma^2$$

より，確かに σ^2 は上のような AR(p) 過程であるときの最良線形予測の予測誤差になっているので，定理は成立している．

次に，$\{Z_t\}$ 自体が AR(p) 過程でなくても，定理が成り立つことを示す．系 2 からわかるように，$f(\lambda)$ が定理の条件を満たし，対称ならば任意の $\varepsilon > 0$ に対して，ある AR(p) 過程が存在して，そのスペクトル密度 $g(\lambda)$ が

$$|f(\lambda) - g(\lambda)| < \varepsilon \tag{2.4}$$

のように $f(\lambda)$ を近似できる．定理で $\{Z_t\}$ は実数値としているので，対称性についても条件は満たされている．したがって，

$$\sigma_p^2(f) = \min_{c_1, \cdots, c_p} \|Z_t - c_1 Z_{t-1} - \cdots - c_p Z_{t-p}\|^2$$
$$= \min_{c_1, \cdots, c_p} \int_{-\frac{1}{2}}^{\frac{1}{2}} \left|1 - \sum_{j=1}^{p} c_j e^{2\pi ij\lambda}\right|^2 f(\lambda) d\lambda$$

と定義すれば，$\sigma_p^2(f)$ は p について単調減少であるので収束し，その収束先

$$\lim_{p \to \infty} \sigma_p^2(f) = \min_{c_1, c_2, \ldots} \left\|Z_t - \sum_{j=1}^{\infty} c_j Z_{t-j}\right\|^2$$

は Z_t の最良線形予測の予測誤差にほかならないことがわかる．一方，

2.3 最良線形予測の予測誤差

$$\sigma^2(f) - \sigma^2(g) = \sigma^2(f) - \sigma_p^2(f) + \sigma_p^2(f) - \sigma_p^2(g) + \sigma_p^2(g) - \sigma^2(g)$$

と式 (2.4) より

$$\left|\sigma^2(f) - \sigma^2(g)\right| < C \cdot \varepsilon$$

が従うので,

$$\sigma^2(g) = \exp\left(\int_{-\frac{1}{2}}^{\frac{1}{2}} \log g(\lambda) d\lambda\right)$$

に注意すれば目的の

$$\sigma^2(f) = \exp\left(\int_{-\frac{1}{2}}^{\frac{1}{2}} \log f(\lambda) d\lambda\right)$$

を得る. □

Szegö-Kolmogorov 式の補足

$\sigma^2(f) < \infty$ であることは,以下のように確認できる.イェンゼンの不等式 (Jensen's inequality)

$$\mathrm{E}\{g(X)\} \geq g(\mathrm{E}(X))$$

が凸関数 $g(x)$ に対して成り立つことを使えば,$g(x) = -\log f(x)$ として,

$$\int_{-\frac{1}{2}}^{\frac{1}{2}} \log f(\lambda) d\lambda < \log \int_{-\frac{1}{2}}^{\frac{1}{2}} f(\lambda) d\lambda = \log \gamma_0$$

であり,$\int_{-\frac{1}{2}}^{\frac{1}{2}} \log f(\lambda) d\lambda < \infty$ が常に成立することからわかる.

またこの定理は

$$\int_{-\frac{1}{2}}^{\frac{1}{2}} \log f(\lambda) d\lambda = -\infty$$

のときでも成立し,$\sigma^2(f) = 0$ となり逆もまた成り立つ.したがって,$\sigma^2(f) > 0$ と $\int_{-\frac{1}{2}}^{\frac{1}{2}} \log f(\lambda) d\lambda > -\infty$ が同値である.

第 3 章

時系列モデル

第 2 章までは時系列を弱定常過程から生まれた値の系列であるとして,その理論を紹介した.しかし,実際には強定常過程かどうかはもとより弱定常過程かどうかすら,本当に確かめる方法は存在しないし,AR(∞) による最良線形予測も過去無限に渡る値を必要とするなど,そのままでは現実に適用できないことが多い.そこで登場するのがモデルの概念である.**モデル** (model) の日本語は**模型**である.本物が大きすぎたり複雑すぎたりして,そのまま扱うのが困難なとき,その代わりの役目を果たすのが模型でありモデルである [39].

時系列モデルの中でも代表的なモデルである AR モデル,MA モデル,ARMA モデルは,第 2 章で紹介した弱定常時系列の AR(∞) 表現,MA(∞) 表現をもとに作られたモデルである.このようなモデルが正しいという保証はどこにもない.しかし,1 つの近似として成り立つに違いないと期待して使うのがモデルである.もちろん期待だけでは困る.それなりの近似になっているというチェックは常に必要である.本章ではこの 3 つのモデルを中心に,そのチェックの方法も含めて紹介する.なお,本書では以降 $\{Z_t\}$ や係数などパラメータはすべて**実数値**であるとする.

3.1 AR モデル

時系列 $\{Z_t\}$ が弱定常性をもち,分散 $\sigma^2 > 0$ のホワイトノイズ $\{\varepsilon_t\}$ を

用いた方程式

$$\Phi(B)Z_t = \sum_{j=0}^{p} \phi_j Z_{t-j} = \varepsilon_t \tag{3.1}$$

を満たすとき，p次の**自己回帰 (AR) モデル** (autoregressive model) に従うという．ただし，$\phi_0 = 1$ である．式 (3.1) を書き換えれば，

$$Z_t = -\sum_{j=1}^{p} \phi_j Z_{t-j} + \varepsilon_t$$

となり，現在の Z_t が過去の $Z_{t-1}, Z_{t-2}, \ldots, Z_{t-p}$ の線形結合に誤差を加えた形で表される回帰型のモデルであることがわかる．通常，AR モデルは式 (3.1) を満たすだけでなく，$\{Z_t\}$ **が弱定常性をもち**，$\{\varepsilon_t\}$ **がイノベーションである**ことも要求する．しかし，これらの性質は $\Phi(z)$ の条件で次のように定まる．

(1) $\{Z_t\}$ **が弱定常** $\Leftrightarrow$ $|z|=1$ で $\Phi(z) \neq 0$

⇒) 1.2 節で確認したように，$\{Z_t\}$ が弱定常性をもつことと，スペクトル表現

$$Z_t = \int_{-\infty}^{\infty} e^{-2\pi i t \lambda} dW_\lambda$$

ができることは同値である．したがって，式 (3.1) の両辺の自己共分散関数のスペクトル表現から

$$\int_{-\infty}^{\infty} e^{2\pi i h \lambda} \left|\Phi\left(e^{2\pi i \lambda}\right)\right|^2 dF(\lambda) = \int_{-\infty}^{\infty} e^{2\pi i h \lambda} \sigma^2 d\lambda \tag{3.2}$$

が成り立ち，

$$\left|\Phi\left(e^{2\pi i \lambda}\right)\right|^2 dF(\lambda) = \sigma^2 d\lambda \tag{3.3}$$

を得る．この右辺は常に 0 より大きいので，$|z|=1$ で $\Phi(z) \neq 0$. なお，正確には $\Phi\left(e^{-2\pi i \lambda}\right)$ であるが，スペクトルに関してはどちらでも同じであるので，簡単のため上のように表現している．

⇐) 円環 $\{z \in \mathbb{C}; 1-\varepsilon < |z| < 1+\varepsilon\}$ を $\Phi(z) \neq 0$ で $\Phi(z)^{-1}$ が存在し正則となるように選べる．一般的にこのような円環上で正則な複素関数は単位円上で

$$\Phi(z)^{-1} = \sum_{j=-\infty}^{\infty} \theta_j z^j$$

と展開できる（このように負のべき乗も含めたべき級数展開をローラン (Laurent) 展開という）．これを用いれば，

$$Z_t = \sum_{j=-\infty}^{\infty} \theta_j \varepsilon_{t-j} \tag{3.4}$$

と表せ，$\{Z_t\}$ の自己共分散が時間差（ラグ）にしか依存しないことがわかる．

(1) の弱定常性を前提として，以下のことがいえる．

(2) $\{\varepsilon_t\}$ が $\{Z_t\}$ のイノベーション $\Leftrightarrow |z|<1$ で $\Phi(z) \neq 0$

⇒) $\{\varepsilon_t\}$ がイノベーションならば，式 (3.4) は

$$Z_t = \sum_{j=0}^{\infty} \theta_j \varepsilon_{t-j} \tag{3.5}$$

つまり $\theta_{-1} = \theta_{-2} = \cdots = 0$ とならなければならない．一方，定理 6 の証明と同じように $\sum_{j=0}^{\infty} |\theta_j| < \infty$ がいえ，$|z|<1$ では

$$\Phi(z)^{-1} = \sum_{j=0}^{\infty} \theta_j z^j < \infty$$

でなければならないことがわかる．したがって $\Phi(z) \neq 0$．

⇐) 定理 6 と同じように考えれば，$\{Z_t\}$ は式 (3.5) で表される MA(∞) 表現をもち，$\{\varepsilon_t\}$ が $\{Z_t\}$ のイノベーションであることがわかる．

3.1 AR モデル

したがって AR モデルの伝達関数 Φ は

$$\Phi(z) \neq 0 \quad \text{on} \quad |z| \leq 1 \tag{3.6}$$

を満たすものとする. ちなみに, AR(p) モデルに従う $\{Z_t\}$ のスペクトル密度関数は, 式 (3.3) より

$$f(\lambda) = \frac{\sigma^2}{|\Phi(\mathrm{e}^{2\pi i \lambda})|^2}. \tag{3.7}$$

問題 10 式 (3.2) が成り立つことを確かめなさい.

> **オルンシュタイン・ウーレンベック過程と AR モデル**
> 連続時間の確率過程 $\{Z_t\}$ が, 確率微分方程式
> $$dZ_t = \theta(\mu - Z_t)dt + \sigma dB(t)$$
> を満たすとき, **オルンシュタイン・ウーレンベック過程** (Ornstein-Uhlenbeck process) と呼ばれる. ここで, $B(t)$ は標準ブラウン運動である. この確率過程からの整数時間サンプリング $\{\ldots, Z_1, Z_2, Z_3, \ldots\}$ は AR(1) モデルに従う. 実際, この確率微分方程式の解は
> $$Z_t = \mu + \frac{\sigma}{\sqrt{2\theta}} B\left(\mathrm{e}^{2\theta t}\right) \mathrm{e}^{-\theta t}$$
> と表せるので, Z_t と Z_{t-1} に関して,
> $$(Z_t - \mu) - \mathrm{e}^{-\theta}(Z_{t-1} - \mu) = \frac{\sigma}{\sqrt{2\theta}} \left\{B\left(\mathrm{e}^{2\theta t}\right) - B\left(\mathrm{e}^{2\theta(t-1)}\right)\right\} \mathrm{e}^{-\theta t}$$
> が成り立つ. この右辺を ε_t とおけば,
> $$\|\varepsilon_t\|^2 = \frac{\sigma^2}{2\theta}\left(1 - \mathrm{e}^{-2\theta}\right)$$
> より, 時間によらず分散一定であり, またブラウン運動の定義より $\{\varepsilon_t\}$ は $\{Z_t\}$ のイノベーションになっていることがわかる.

- **自己相関関数と偏自己相関関数**

まず簡単な例として AR(1) モデル $Z_t = \phi Z_{t-1} + \varepsilon_t$ を考えると, Z_t を

$$Z_t = \phi^2 Z_{t-2} + \phi \varepsilon_{t-1} + \varepsilon_t = \cdots = \sum_{j=0}^{\infty} \phi^j \varepsilon_{t-j}$$

と表現することもでき, 自己共分散が

$$\gamma_h = \mathrm{E}\left(Z_t Z_{t+h}\right) = \mathrm{E}\left\{\left(\sum_{j=0}^{\infty} \phi^j \varepsilon_{t-j}\right)\left(\sum_{j=0}^{\infty} \phi^j \varepsilon_{t+h-j}\right)\right\} \qquad (3.8)$$
$$= \sigma^2 \phi^h \sum_{j=0}^{\infty} \phi^{2j} = \phi^h \frac{\sigma^2}{1-\phi^2}$$

のように求まる．したがって自己相関関数は

$$\rho_h = \phi^h$$

となる．なお，AR モデルの条件 (3.6) に注意すれば，$|\phi|<1$ でなければならず，ρ_h は h とともに指数的に減少することがわかる．

一般的な AR(p) モデルについては，このようにきれいには求まらないが，自己相関関数 γ_h が h の増加にともなって指数的に減少することは示せる．実際，自己共分散関数は，$\{\varepsilon_t\}$ が $\{Z_t\}$ のイノベーションであることから，任意の $h \geq 1$ について $\mathrm{E}(\varepsilon_{t+h} Z_t) = 0$ となる．したがって，

$$0 = \mathrm{E}\left\{\left(\sum_{j=0}^{p} \phi_j Z_{t+h-j}\right) Z_t\right\} = \gamma_h + \phi_1 \gamma_{h-1} + \cdots + \phi_p \gamma_{h-p}$$
$$= \Phi(B)\gamma_h$$

という p 次の差分方程式を満たす．

このような**差分方程式** (difference equation) の一般解は次の定理で与えるが，その前に，1つの例として 2 次の差分方程式

$$x_t + \alpha_1 x_{t-1} + \alpha_2 x_{t-2} = 0 \qquad (3.9)$$

の解を考えてみよう．$\alpha(B)$ を

$$\alpha(B) = 1 + \alpha_1 B + \alpha_2 B^2 = \left(1 - \xi_1^{-1} B\right)\left(1 - \xi_2^{-1} B\right)$$

とおけば，差分方程式 (3.9) は $\alpha(B)x_t = 0$ と書ける．ここで，$\alpha_1 = -\xi_1^{-1} - \xi_2^{-1}$，$\alpha_2 = \xi_1^{-1}\xi_2^{-1}$ である．$\xi_1 \neq \xi_2$ の場合，代入して計算すれば $x_t = \xi_1^{-t}$ と $x_t = \xi_2^{-t}$ がいずれも解であることは簡単に確認できる．

したがって，その線形結合 $x_t = c_1\xi_1^{-t} + c_2\xi_2^{-t}$ も解となる．この c_1, c_2 は，2 つの初期値，たとえば x_0 と x_1 を与えれば定まる定数である．特に，ξ_1, ξ_2 が複素根ならば $\xi_2 = \bar{\xi}_1$ であり，$c_2 = \bar{c}_1$ のとき

$$x_t = c_1\xi_1^{-t} + \bar{c}_1\bar{\xi}_1^{-t} = 2ar^{-t}\cos(t\theta - b)$$

となる．ただし，$c_1 = ae^{bi}$, $\xi_1 = re^{i\theta}$ とおいており，この解の形から振動していることがわかる．一方，$\xi_1 = \xi_2$，つまり重根の場合は，$x_t = \xi_1^{-t}$ と $x_t = t\xi_1^{-t}$ が解となり，その線形結合

$$x_t = c_1\xi_1^{-t} + c_2 t\xi_1^{-t}$$

も解となる．まとめれば，2 次の差分方程式 (3.9) の解は

$$x_t = \begin{cases} c_1\xi_1^{-t} + c_2\xi_2^{-t}, & \xi_1 \neq \xi_2 \\ c_1\xi_1^{-t} + c_2 t\xi_1^{-t}, & \xi_1 = \xi_2 \end{cases}$$

で与えられる．これを一般化したのが次の定理である．

定理 8（差分方程式の解）

後退シフト作用素 B の多項式を $\alpha(B) = \prod_{j=1}^{m}\left(1 - \xi_j^{-1}B\right)^{r_j}$ と因数分解したとき，差分方程式 $\alpha(B)x_t = 0$ の解は，

$$x_t = \sum_{j=1}^{m}\sum_{k=0}^{r_j-1} c_{jk} t^k \xi_j^{-t}$$

で与えられる．ただし，$c_{jk}, j = 1, 2, \ldots m, k = 0, 1, \ldots, r_{j-1}$ は（複素）定数である．

この定理から，$\Phi(B)$ が定理の $\alpha(B)$ と同じように分解できるとしたとき，自己共分散関数 $\{\gamma_h\}$ は

$$\gamma_h = \sum_{j=1}^{m}\sum_{l=0}^{r_j-1} c_{jl} h^l \xi_j^{-h}, \quad h = 1, 2, \ldots \tag{3.10}$$

と表せることになる．したがって，AR(1) のときと同じように $|\xi_j| > 1$

($j = 1, 2, \ldots, m$) であることから，γ_h は h の増加にともなって指数的に減少することがわかる．

一方，偏自己相関関数には**カットオフ** (cut off) の性質がある．$\{Z_t\}$ が AR(p) モデルに従うなら，$h > p$ に対して

$$\left\| Z_{t+h} - \sum_{j=1}^{h-1} \alpha_j Z_{t+h-j} \right\|^2 \tag{3.11}$$

を最小化する α_j ($j = 1, 2, \ldots, h-1$) は ϕ_j ($j = 1, 2, \ldots, h-1$) と一致し，

$$Z_{t+h} - \sum_{j=1}^{h-1} \phi_j Z_{t+h-j} = \varepsilon_{t+h} \tag{3.12}$$

となる．ただし，ここで $\phi_j = 0, j = p+1, \ldots$ としている．

他方 ε_{t+h} は $\{Z_{t+h-1}, Z_{t+h-2}, \ldots, Z_t, \ldots\}$ と直交するので，任意の β_j ($j = 1, 2, \ldots, h-1$) に対し

$$\left\langle \varepsilon_{t+h}, Z_t - \sum_{j=1}^{h-1} \beta_j Z_{t+j} \right\rangle = 0$$

が成り立ち，1.1 節の偏共分散の定義から，ラグ h の偏自己共分散 R_h は $h > p$ で 0，偏自己相関関数 r_h も 0 となる．このように，偏自己相関関数 $\{r_h\}$ は，$h > p$ から先すべて 0，つまりカットオフの性質をもつ [28]．

問題 11 式 (3.11) を最小にする解が式 (3.12) を満たすことを示しなさい．

簡単な例で，自己相関関数と偏自己相関関数がどのようになるかを図で確認しておこう．AR(1) モデルとして，$Z_t = 0.8 Z_{t-1} + \varepsilon_t$ を考え，$t = 1, 2, \ldots, 200$ で $\{Z_t\}$ の乱数を生成したときのサンプルパスが図 3.1 であり，自己相関関数と偏自己相関関数が図 3.2 である．ただし，$\|\varepsilon_t\|^2 = 1$ としている．

自己相関関数は，式 (3.8) から $\rho_h = 0.8^h$ であり指数的に減少し，偏自己相関関数については，$h > 1$ で $r_h = 0$ のカットオフの性質をもってい

3.1 AR モデル

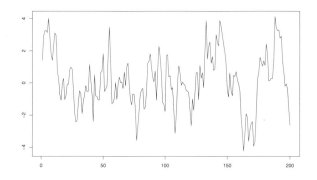

図 3.1 AR(1) モデルに従うサンプルパスの例

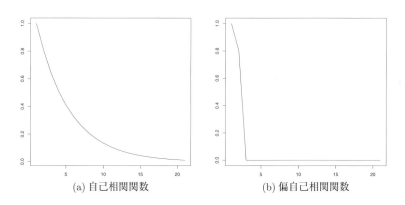

(a) 自己相関関数   (b) 偏自己相関関数

図 3.2 AR(1) モデルの自己相関関数と偏自己相関関数

ることが直感的にも理解できることであろう．

3.1.1 推定

すでに 1.1 節でも注意したように，推定量の一致性を保証するためは裏に何らかの独立性が必要である．AR モデルの場合は $\{\varepsilon_t\}$ が独立時系列であることがそれに相当する．直交時系列だけでは十分でない．

- **パラメータの推定**

ここでは，AR モデルのパラメータ ϕ_j $(j = 1, 2, \ldots, p)$ の推定方法の 1

つとして,サンプル $\{z_t ; t = 1, 2, \ldots, n\}$ から,z_t と $-\sum_{j=1}^{p} \phi_j z_{t-j}$ の2乗誤差,つまり

$$\sum_{t=p+1}^{n} (z_t + \phi_1 z_{t-1} + \cdots + \phi_p z_{t-p})^2$$

を最小化することによってパラメータを推定するいわゆる最小2乗法を紹介する.これは,p 個 $(k = 1, 2, \ldots, p)$ の連立方程式

$$\sum_{t=p+1}^{n} z_t z_{t-k} + \phi_1 \sum_{t=p+1}^{n} z_{t-1} z_{t-k} + \cdots + \phi_p \sum_{t=p+1}^{n} z_{t-p} z_{t-k} = 0$$

を解くことになる.行列

$$\tilde{\Gamma}_p = \left(\frac{1}{n} \sum_{t=p+1}^{n} z_{t-j} z_{t-k} ; 1 \leq j, k \leq p \right)$$

と $\tilde{\gamma}_k = \frac{1}{n} \sum_{t=p+1}^{n} z_t z_{t-k}$ を用いれば,この連立方程式は

$$\tilde{\Gamma}_p \begin{pmatrix} \phi_1 \\ \phi_2 \\ \vdots \\ \phi_p \end{pmatrix} = - \begin{pmatrix} \tilde{\gamma}_1 \\ \tilde{\gamma}_2 \\ \vdots \\ \tilde{\gamma}_p \end{pmatrix}$$

と書き換えられる.この方程式は**ユール・ウォーカー方程式** (Yule-Walker equation) と呼ばれる.理論やソフトウェアによっては,AR(p) モデルを

$$Z_t = \phi_1 Z_{t-1} + \phi_2 Z_{t-2} + \cdots + \phi_p Z_{t-p} + \varepsilon_t$$

と表現していることもあり,この場合には ϕ_j $(j = 1, 2, \ldots, p)$ の符号が逆転するので注意が必要である.

- **スペクトル密度関数の推定**

AR(p) モデルに従う $\{Z_t\}$ のスペクトル密度関数が式 (3.7) で与えられることに注意すれば,ϕ_j の推定量 $\hat{\phi}_j$ $(j = 1, 2, \ldots, p)$ を用いて,スペク

トル密度関数の 1 つの推定量

$$\hat{f}(\lambda) = \frac{\hat{\sigma}^2}{|\sum_{j=0}^{p} \hat{\phi}_j \mathrm{e}^{2\pi ij\lambda}|^2}$$

が得られる．ただし，$\hat{\phi}_0 = 1$,

$$\hat{\sigma}^2 = \frac{1}{n} \sum_{t=p+1}^{n} \left(z_t + \hat{\phi}_1 z_{t-1} + \cdots + \hat{\phi}_p z_{t-p} \right)^2 \tag{3.13}$$

である．

3.1.2　AIC によるモデル選択

　複数のモデルが利用可能なとき，どのモデルを使ったらよいか，それを判断したいというのがモデル選択の起こりである．ただし，ここでは，同じ AR モデルでも次数 p が異なれば異なるモデルと考える．1 つのモデルを前提としてパラメータ推定を行う統計的推測の枠組みからすると，モデル選択はその枠組みを超えたメタな問題であり，古くは統計的仮説検定の問題として別扱いされてきた．しかし，パラメータ推定がどのモデルを使うかで左右される以上，本来別扱いできない問題である．したがって，推測の目的を定めた上で，モデル選択とパラメータ推定を一体化して扱おうという動きが生まれたのも当然であろう．その 1 つが**赤池情報量規準**(An Information Criterion, Akaike's Information Criterion),

$$\mathrm{AIC} = -2 \times 最大対数尤度 + 2 \times 未知パラメータ数$$

で，Kullback-Leibler 情報量が最小となるようなモデルを選択することを目標に 1974 年に編み出された [4]．利用可能なモデルすべてについてこの AIC の値を求め，最小な値をもつモデルを選択すればよい，という簡便さと一般性から赤池情報量規準は広く普及し，現在では時系列モデルに限らず，あらゆる統計モデルの選択に用いられている．

　この規準の発祥は，セメント製造現場でキルンの回転数や温度，原料の投入速度などをうまく制御することで，システムを安定化できないかとい

う相談が寄せられたことにある．赤池博士が，そのために必要な，さまざまなセンサーの値などからなるかなり大きな**多変量 AR モデル**の次数をどう選択したらよいかさんざん悩んだ挙げ句，1972 年にカットアンドトライで編み出した FPE (Final Prediction Error) 規準，これが AIC の起こりである [1]．名前からわかるように，この FPE 規準は，できるだけ予測能力の高い多変量 AR モデルのパラメータを推定するには，どのような自己回帰次数を選んだらよいだろうかという素朴な疑問に対する実践的な答えであった．しかし，このままでは説得力に欠けると考え，思いついたのが尤度の概念の導入と Kullback-Leibler 情報量の導入である．予測誤差という時系列特有の目線ではなく，推定したパラメータが定める分布の近似精度という観点で一般化することで，上のような簡素で一般的な規準に昇華された．しかし，皮肉にもこれがその後の論争や混乱の種になる．

　1 つは，**真のモデル**が存在するとしたら，それをなるべく**正確に選択**する規準でなければならないのではないかという批判である．これはまさしく統計的検定の立場で，AIC をこのような立場から評価すると決して良い規準とはいえない．一致性をもたないからである [32]．この点で，一致性をもつ BIC などのほうがよいと主張する人も絶えない．では，何が食い違いの原因なのだろうか？　それは**モデル選択**という言葉の響きにある．この言葉を**正しいモデルを選ぶこと**と捉えるか**良いパフォーマンスのモデルをそのパラメータまで含めて定めること**と捉えるかで違いが生まれる．

　正しいモデルが必ずしも良いパフォーマンスを示すとは限らないというと何かおかしなことを言っているように聞こえるかもしれないが，いくら正しいモデルでも，ほとんど 0 に近いパラメータばかりが含まれているモデルは，複雑なだけでパラメータの推定誤差もばかにならない．それを 0 と見なして簡略化したモデルのほうが，**正しいモデル**より身軽な分，パフォーマンスがよく，余分なパラメータを推定することによる誤差の累積も防ぐことができる．AIC の定義の「2 × 未知パラメータ数」のうちの 1 つは未知パラメータ数という形でのモデルの複雑さの反映であり，もう 1 つは未知パラメータ数の増加による推定誤差の累積の反映である．しか

し，このペナルティー項自体，批判にさらされてきた．先にも述べたように，AIC は Kullback-Leibler 情報量の 1 つの推定量であるが，それは期待値が一致しているだけではないかという批判である．しかしながら，これに関しては，選択の対象となるモデルのパラメータ数がある程度多ければ，パラメータ数に関する大数法則できちんと正当化できることがすでに示されている [33, 34, 35, 36]．これは，AIC の前身である FPE の生い立ちを考えれば，ある程度複雑なモデルを念頭に置いて作られている以上，当然のことかもしれない．ビッグデータ時代でモデルも複雑になる一方である．このような時代にこそ AIC がさらに活躍するに違いない．

もう 1 つは批判ではなく**乱用**である．**モデル選択規準**という言葉に惑わされ，つい「AIC でモデル選択したので正しいモデルです」と言いたくなる．もともと AIC が正しいモデルを選ぶための規準ではないことは，すでに述べた通りであるが，それだけでなく，AIC はモデルの相対比較しかしていないことに留意が必要である．選択の対象となるモデルがその意味まで含めて十分吟味したものでなければ，**無責任に選択を AIC に委ねている**にすぎないことはおわかりになるであろう．もし，そのモデルが正しいモデルかどうかが結論を左右するほど重要であるなら，AIC のような相対的な比較規準ではなく，適合度検定など絶対的な検証方法を駆使してさまざまな側面からの多重的な検討を重ねる必要がある．

● **AR モデルの次数選択**

正規性を仮定した AR モデルの次数 p の選択のための AIC は次のようにして計算される．このとき，3.1.1 項で示した最小 2 乗法で，パラメータ $\phi_1, \phi_2, \ldots, \phi_p$ を推定すると，これは近似的な最尤推定量である．推定量 $\hat{\phi}_1, \hat{\phi}_1, \ldots, \hat{\phi}_p$ から，σ^2 を式 (3.13) を用いて推定する．ここで，σ^2 の推定量は次数 p に依存するので，明示的に $\hat{\sigma}^2(p)$ と表現しておけば，p 次の AR モデルに対する AIC は，共通な定数を除いて

$$\mathrm{AIC}(p) = n \log \hat{\sigma}^2(p) + 2p$$

のように計算される．ただし，$\hat{\sigma}^2(p)$ を求めるとき，n ではなく $n-p$ で

割ると AIC のペナルティー項 を1つ分キャンセルしてしまうことになるので注意が必要である.

3.1.3 関連したモデル

AR モデルに関連したモデルは数多く提案されているが,その中のいくつかを紹介しておこう.

● **局所 AR モデル**

時系列 $\{Z_t\}$ が,全体としては非定常であるが局所的には定常と見なせる場合も多い.このような場合に,いくつかの AR モデルを切り替えて当てはめることが考えられる.時間に関して切り替える場合と,値に関して切り替える場合の2通りを紹介しよう.

○ 時間に関する局所 AR モデル

時間に関して局所的には1つの AR モデルに従うというモデルである.つまり

$$Z_t = Z_t^{(j)} + m_j, \quad t_j \leq t < t_{j+1}, \quad j = 0, 1, \ldots,$$

の右辺の $\left\{Z_t^{(j)}\right\}$ が,$\mathrm{AR}(p_j)$ モデルに従い,変化していくというモデルである.ただし m_j は,$Z_{t_j}^{(j-1)}$ と $Z_{t_j}^{(j)}$ の間のジャンプを埋める役割をする確率変数である.

○ 値に関する局所 AR モデル

値で切り替えるモデルもいくつかあるが,たとえば**閾値自己回帰 (TAR) モデル** (threshold autoregressive model) は,

$$Z_t + \sum_{j=1}^{p} \phi_j^{(K)} Z_{t-j} = \varepsilon_t^{(K)}$$

で表される.ここで,K は過去の観測値で定まる確率変数で,この値で回帰係数とノイズが切り替わる.具体的には実数全体 $\mathbb{R}$ を $\mathbb{R} = \bigcup_{k=1}^{m} \mathbf{R}_k$ と分割し,ある時系列 $\{Y_t\}$ の $t - d < t$ 時点の値を用いて $Y_{t-d} \in \mathbf{R}_k$ ならば $K = k$ に切り替わるモデルである [41]. 特に,

3.1 AR モデル

切り替わるタイミングを決める $\{Y_t\}$ として $\{Z_t\}$ 自身を用いる場合を**自己励起閾値自己回帰 (SETAR) モデル** (self-exciting threshold autoregressive model), あるいは単に TAR モデルと呼ぶ. これは, たとえば

$$Z_t = \begin{cases} \frac{3}{4}Z_{t-1} + \varepsilon_t^{(1)}, & |Z_{t-1}| \leq \frac{1}{2} \text{なら} \\ \frac{1}{2}Z_{t-1} + \varepsilon_t^{(2)}, & |Z_{t-1}| > \frac{1}{2} \text{なら} \end{cases}$$

というように, 一時点前の値 Z_{t-1} によって切り替わるモデルである.

- **周辺分布が指数分布**

$\{Z_t\}$ の周辺分布が指数分布, つまり各 t で Z_t がそれぞれ指数分布に従っているとき, $\{Z_t\}$ や $\{\varepsilon_t\}$ が特別な表現をもつことが知られている. $\{Z_t\}$ について, 以下のような関係

$$Z_t = \rho Z_{t-1} + \varepsilon_t \tag{3.14}$$

が成り立っているとする. ここで, $\phi_{Z_t}(s)$ と $\phi_{\varepsilon_t}(s)$ をそれぞれ Z_t, ε_t のモーメント母関数, つまり

$$\phi_{Z_t}(s) = \mathrm{E}\left(\mathrm{e}^{-Z_t s}\right), \quad \phi_{\varepsilon_t}(s) = \mathrm{E}\left(\mathrm{e}^{-\varepsilon_t s}\right)$$

とすれば,

$$\phi_{Z_t}(s) = \phi_{Z_{t-1}}(\rho s)\phi_{\varepsilon_t}(s)$$

が成立する. $\{Z_t\}$ の周辺分布が期待値 λ の指数分布なら

$$\phi_{Z_t}(s) = \phi_{Z_{t-1}}(s) = \frac{\lambda}{\lambda + s}$$

となり, ε_t のモーメント母関数は

$$\phi_{\varepsilon_t}(s) = \frac{\lambda + \rho s}{\lambda + s} = \rho + (1-\rho)\frac{\lambda}{\lambda + s}$$

となる. この形から $\{\varepsilon_t\}$ は,

$$\varepsilon_t = \begin{cases} 0, & \text{確率 } \rho \text{ で} \\ e_t, & \text{確率 } 1-\rho \text{ で} \end{cases}$$

と定まる．ただし，$\{e_t\}$ は独立で指数分布に従う確率変数である．これを元へ戻せば

$$Z_t = \begin{cases} \rho Z_{t-1} & \text{確率 } \rho \text{ で} \\ \rho Z_{t-1} + e_t & \text{確率 } 1-\rho \text{ で} \end{cases} \tag{3.15}$$

という $\{Z_t\}$ の表現が得られる [20]．つまり，$\{Z_t\}$ の周辺分布が指数分布で，過去との関係が式 (3.14) と書ける場合には，$\{Z_t\}$，$\{\varepsilon_t\}$ の表現はそれぞれ上のように定まる．このモデルは，降雨量のモデルとしてもよく用いられる．降雨量が指数分布に従うことは経験的にもよく知られているが，式 (3.15) を見ると，直前の降雨量で完全に決まってしまう降雨と，誤差が加わる降雨の 2 通りで構成されていることになる．

- **回帰係数がランダム**

係数 $\phi_1, \phi_2, \ldots, \phi_p$ を

$$\phi_j + B_j(t), \quad j = 1, \ldots, p,$$

というように，$\{\varepsilon_t\}$ とは独立で時間 t によらず一定の分布をもつ誤差 $B_1(t), B_2(t), \ldots, B_p(t)$ で揺動するとした**ランダム係数 AR モデル** (random coefficient autoregressive model) も研究されている．一変量時系列に対するモデルは [5]，多変量時系列に対するモデルは [23] にある．

> **空間自己回帰モデル**
>
> 時系列解析という本書の題名から少し外れてしまうが，時間の代わりに平面や空間の座標をとった**空間データ** (spatial data) $\{Z_v\}$ に対しても自己回帰モデルが考えられている．ただし，時系列と異なり回帰誤差 $\{\varepsilon_v\}$ がホワイトであることとイノベーションであることを同時には要求できない．回帰誤差がホワイト，つまり直交していることを要求すると，もはやイノベーションではなくなり，イノベーションであることを要求すると直交しなくなる．前者の場合の自己回帰モデルは SAR (simultaneous autoregressive) モデル，後者の場合は CAR (conditional autores-

gressive) モデルと呼ばれ，別モデルである [21, 6]．なお，これらのモデルはそれぞれ SG (simultaneously specified spatial Gaussian model)，CG (conditionally specified spatial Gaussian model) と呼ばれることもある [8]．また，空間的な広がりがあること，時間のように一定の方向性が存在しないことなどから，時系列のアナロジーが通用しない部分も多い [30]．

3.2 MA モデル

時系列 $\{Z_t\}$ が，分散 $\sigma^2 > 0$ のホワイトノイズ $\{\varepsilon_t\}$ を用いて

$$Z_t = \Theta(B)\varepsilon_t = \sum_{j=0}^{q} \theta_j \varepsilon_{t-j} \tag{3.16}$$

と表せるとき，$\{Z_t\}$ は q 次の**移動平均 (MA) モデル** (moving average model) に従うという．ただし，特に断らない限り $\theta_0 = 1$ である．AR モデルと異なり，MA モデルは常に弱定常性をもつ．これは，ホワイトノイズ $\{\varepsilon_t\}$ は常に弱定常過程であり，$\{Z_t\}$ はその線形結合でしかないからである．また，定義から $\{\varepsilon_t\}$ は常に $\{Z_t\}$ のイノベーションでもある．場合によっては MA モデルの伝達関数 Θ に

$$\Theta(z) \neq 0 \quad \text{on} \quad |z| \leq 1 \tag{3.17}$$

という条件を課すこともある．そうすれば，定理 6 からもわかるように $\{Z_t\}$ は AR(∞) 表現も可能となる．また，条件 (3.17) の代わりに，

$$\Theta(z) \neq 0 \quad \text{on} \quad |z| = 1 \tag{3.18}$$

を課すこともある．ただ，この条件だけでは両側 AR(∞) 表現 (two sided autoregressive representation)

$$\sum_{j=-\infty}^{\infty} \phi_j Z_{t-j} = \varepsilon_t$$

しか可能でなく，Z_t の値が将来の値にも依存して定まることになり，時間的な**因果関係** (causality) がはっきりしなくなる．もちろん，$\{Z_t\}$ 自身

の予測や評価が目的ではなく,係数 θ_j の値を知ることが目的のときにはこのようなモデルが用いられることもある.たとえば,石油探査などで海底の地層の様子を探るため音響探査が行われるが,その場合,深いところからの反射はより遅れて返ってくるため,深さ j からの反射 $\theta_j \varepsilon_{t-j}$ が合成されて Z_t として観測される.このような場合には $\{Z_t\}$ の因果関係は問題とならない.

したがって,単に MA モデルといったときは特に条件 (3.17) や (3.18) は課さないが,時間的な流れにそった因果関係が重要なときは条件 (3.17) を課し,**Causal MA モデル** (causal moving average model) と呼んで区別することにする.

【例】2 つの時系列

$$Z_t^{(1)} = \varepsilon_t + \frac{1}{2}\varepsilon_{t-1} = \Theta^{(1)}(B)\varepsilon_t, \quad Z_t^{(2)} = \frac{1}{2}\varepsilon_t + \varepsilon_{t-1} = \Theta^{(2)}(B)\varepsilon_t$$

はともに同じスペクトル密度関数 $f(\lambda)$ をもつ,つまり自己共分散関数 $\{\gamma_h\}$ が同じであるので,2 次モーメントからでは区別できない.しかし,$\Theta^{(1)}(z) = 1 + \frac{1}{2}z$, $\Theta^{(2)}(z) = \frac{1}{2} + z$ からわかるように,$|z| \leq 1$ で $\Theta^{(1)}(z)$ は 0 にならないのに対し,$\Theta^{(2)}(z)$ は 0 になる.つまり $\{Z_t^{(2)}\}$ は Causal MA モデルではない.この違いは ε_t を $\{Z_t^{(1)}\}$ や $\{Z_t^{(2)}\}$ を用いて表すと,よりはっきりする.

$$\varepsilon_t = Z_t^{(1)} - \frac{1}{2}Z_{t-1}^{(1)} + \frac{1}{4}Z_{t-2}^{(1)} - \cdots = Z_{t+1}^{(2)} - \frac{1}{2}Z_{t+2}^{(2)} + \frac{1}{4}Z_{t+3}^{(2)} - \cdots$$

となるので,ε_t が $\{Z_t\}$ の過去で表されるか,将来で表されるかの違いが起きていることがわかる.時間の軸が逆転しているといってもよい.

問題 12 上記の**例**の 2 つの時系列のスペクトル密度関数を求め,一致することを確かめなさい.

この例からもわかるように,MA モデルは式 (3.17) のような条件を課さない限り,2 次モーメントだけからは一意に定まらない.正規分布が

3.2 MA モデル

2次モーメントまでですべて定まってしまうことを思い出せば，モデルに正規性を仮定する限りこの問題からは逃れられないことになる．なお，Rosenblatt[31] は，あえて正規性を仮定せず2次よりも高次のモーメントに依存する**バイスペクトル** (bispectrum) を用いればこの問題を回避できることを示唆している．

MA モデルのスペクトル密度関数は，

$$f(\lambda) = \sigma^2 \left| \Theta \left(e^{2\pi i \lambda} \right) \right|^2 \tag{3.19}$$

で与えられる．これは，AR モデルのときと同様に式 (3.16) の両辺の自己共分散関数のスペクトル表現を求めれば

$$\int_{-\infty}^{\infty} e^{2\pi i h \lambda} dF(\lambda) = \int_{-\infty}^{\infty} e^{2\pi i h \lambda} \sigma^2 \left| \Theta \left(e^{2\pi i \lambda} \right) \right|^2 d\lambda$$

となることからわかる．

● **自己相関関数と偏自己相関関数**

$\{Z_t\}$ が MA(q) モデルに従っているとき，$\{Z_t\}$ の自己相関関数は，ラグ $h \leq q$ に対して

$$\rho_h = \frac{\mathrm{E}(Z_t Z_{t-h})}{\mathrm{E}(Z_t^2)} = \frac{\sum_{j=0}^{q-h} \theta_j \theta_{j+h}}{\sum_{j=0}^{q} \theta_j^2}, \tag{3.20}$$

ラグ $h > q$ に対しては $\rho_h = 0$ となる．つまりカットオフの性質をもつ．ただし，偏自己相関関数は簡単な形で書くことができない．

AR モデルのときと同様に，簡単な例で自己相関関数と偏自己相関関数がどうなるかを図で確認しておこう．MA(1) モデルとして，$Z_t = \varepsilon_t + 0.8\varepsilon_{t-1}$ を考え，$t = 1, 2, \ldots, 200$ で $\{Z_t\}$ の乱数を生成したときのサンプルパスが図 3.3 であり，この MA(1) モデルの自己相関関数と偏自己相関関数は図 3.4 である．ただし，$\|\varepsilon_t\|^2 = 1$ としている．自己相関関数については，$h > 1$ では $\gamma_h = 0$ でカットオフの性質があることが直感的にも理解できるであろう．MA モデルのこれらの性質は AR モデルと対照的である．自己相関関数は，AR モデルでは指数的に減少し MA モデル

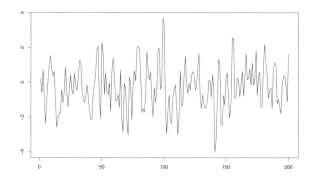

図 3.3　MA(1) モデルに従うサンプルパスの例

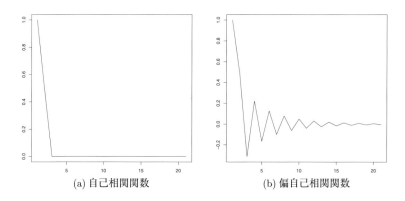

(a) 自己相関関数　　　　(b) 偏自己相関関数

図 3.4　MA(1) モデルの自己相関関数と偏自己相関関数

ではカットオフである．一方，偏自己相関関数は，AR モデルではカットオフするが MA モデルではしない．なお，図 3.4(a) と (b) では縦軸のスケールが異なる．図から何かを読み取ろうとするときにはスケールにも注意してほしい．

したがって，推定した自己相関関数 $\{\rho_h\}$ と偏自己相関関数 $\{r_h\}$ を通して，その挙動をあわせ判断することにより，AR モデルと MA モデルのどちらがより適したモデルかの判断ができる．

さて，自己相関関数や偏自己相関関数が与えられたとき，それらと矛盾しない AR モデルや MA モデルがいつでも存在するのだろうかという疑

問も起きる．AR モデルに関する答えは比較的簡単である．まず，偏自己相関関数がカットオフするラグから次数 p が定まる．あとは与えられた自己相関関数が 3.1 節で示した差分方程式

$$\Phi(B)\rho_h = 0, \ h = 1, 2, ...$$

を満たすかどうかをチェックすればよい．具体的には，ラグ $h = 1, 2, ..., p$ の γ_h にもとづくユール・ウォーカー方程式を解いて $\phi_1, \phi_2, ..., \phi_p$，つまり $\Phi(B)$ を求め，差分方程式の解と与えられた相関関数が一致するかどうかチェックするだけですむ．

しかし，MA モデルに関しては，少し複雑である．自己相関関数がカットオフするラグから次数 q は求まるが，その上で式 (3.20) を満たすような係数 $\theta_j, j = 0, 1, 2, ...q$ が存在するかどうか確かめる必要がある．そのためには次の定理が役立つ．なお，この定理は次の ARMA モデルの再生性に関する定理の証明でも利用する．

定理 9 ([44] の Theorem 12)

$\{Z_t\}$ の自己相関関数 $\{\rho_h\}$ が与えられたとき，対応する MA(q) モデルが存在するための必要十分条件は，$h > q$ ならば $\rho_h = 0$ であって，

$$u(z) = 1 + \sum_{j=1}^{q} \rho_j \left(z^j + z^{-j}\right) \tag{3.21}$$

から変数変換 $y = z + z^{-1}$ で作った

$$v(y) = v_0 y^q + v_1 y^{q-1} + \cdots + v_q \tag{3.22}$$

の根のうち，$-2 < y < 2$ の範囲にある実数根 y がすべて偶数次の重根であることである．

証明 $\{Z_t\}$ が MA(q) モデルに従っていれば，$\{Z_t\}$ の自己相関関数 ρ_h, $h = 1, 2, ..., q$, は式 (3.20) で与えられることから，$\gamma_0 = \sum_{k=0}^{q} \theta_k^2$ より

$$u(z) = 1 + \frac{1}{\gamma_0} \sum_{j=1}^{q} \left(\sum_{k=0}^{q-j} \theta_k \theta_{j+k} \right) (z^j + z^{-j}) = \frac{1}{\gamma_0} \Theta(z) \Theta(z^{-1}) \quad (3.23)$$

となる．逆に，$u(z)$ がある多項式 $\Theta(z) = \sum_{j=0}^{q} \theta_j z^j$ で上のように表せれば，その $\Theta(z)$ を用いた $Z_t = \Theta(B)\varepsilon_t$ は自己相関関数 $\{\rho_k\}$ をもつ MA(q) モデルに従う．

つまり，$\{Z_t\}$ が MA(q) モデルに従っていることと，$u(z)$ がある $\Theta(z)$ と定数 c を用いて $u(z) = c\Theta(z)\Theta(z^{-1})$ という形に書けることが同値であることがわかった．次に，$u(z)$ と $v(y)$ の関係を見ておく．$u(z)$ を

$$\rho_q (z+z^{-1})^q + \rho_{q-1} (z+z^{-1})^{q-1} + (\rho_{q-2} - q\rho_q)(z+z^{-1})^{q-2} + \cdots$$

のように書き下せば，$u(z)$ は $y = z + z^{-1}$ を用いて式 (3.22) の形で表せる．さらに，$y = z + z^{-1}$ の関係から

$$z^2 - yz + 1 = 0 \quad (3.24)$$

が成り立つことを用いれば

$$z = \frac{y}{2} \pm \sqrt{\frac{y^2}{4} - 1} \quad (3.25)$$

が得られ，$v(y) = 0$ の 1 つの根に対して，$u(z) = 0$ の 2 つの根が対応していることがわかる．

これらのことを踏まえると，あとは $v(y)$ の実数根は $|y| < 2$ では偶数次の重根しかもたないことと

$$u(z) = c \prod_{j=1}^{q} (z - z_j)\left(\frac{1}{z} - z_j\right) = c' \left(\sum_{j=1}^{q} \theta_j z^j \right) \left(\sum_{j=1}^{q} \theta_j z^{-j} \right) \quad (3.26)$$

という形で書けることが同値であることを示せばよい．式 (3.24) の形から，$v(y) = 0$ の根 y_j, $j = 1, 2, \ldots, q$ を式 (3.25) に代入して得られる $u(z) = 0$ の根は z_j と $1/z_j$ で与えられることがわかり，あとは式 (3.26) が実係数多項式になるために，$\prod_{j=1}^{q}(z - z_j)$ と $\prod_{j=1}^{q}(z - 1/z_j)$ がともに実係数多項式になる条件さえ確認すればよい．そのため，y_j の値によっ

て以下の 3 つの場合に分けて考える.

- y_j **が複素数のとき**：z_j や $1/z_j$ は複素数になるが，一方で $\bar{y}_j$ も $v(y)$ の根になっているはずで，それに対応するのは $\bar{z}_j$ と $1/\bar{z}_j$ になる．よって，$(z-z_j)(z-\bar{z}_j)$ と $(z-1/z_j)(z-1/\bar{z}_j)$ ともに実係数多項式になるので，この場合には条件は必要ない．
- y_j **が実数で** $|y_j| \geq 2$ **のとき**：対応する z_j，$1/z_j$ は実数であるから $(z-z_j)$ と $(z-1/z_j)$ ともに実係数多項式になるので，この場合についても条件は必要ない．
- y_j **が実数で** $|y_j| < 2$ **のとき**：対応する z_j，$1/z_j$ は複素数になるため，y_j が偶数次の重根の場合のみ，という条件が必要となる．これは，$2m$ 次の重根の場合は，$(z-z_j)^m(z-1/z_j)^m$ と $(z-1/z_j)^m(z-z_j)^m$ と分ければどちらも $(z-z_j)(z-1/z_j)$ の m 乗になり，$\bar{z}_j = 1/z_j$ であることに注意すれば，$(z-z_j)(z-1/z_j)$ は実係数多項式になり，この場合以外では実係数多項式にならないことがわかる．

以上 3 つの場合を合わせれば，$v(y)$ の $|y| < 2$ の範囲の実数根がすべて偶数次の重根であることと，$u(z)$ が式 (3.26) という形で書けることが同値であることがわかる． □

定理 9 の補足

定理 9 で下記の (1) と (2) が同値であることが示されたが，実は (3) も同値になる．これを示しておこう．

(1) $\{Z_t\}$ が MA(q) モデルに従う
(2) $v(y)$ の $|y| < 2$ の範囲の実数根はすべて偶数次の重根である
(3) 実数 y について，$|y| < 2$ ならば $v(y) \geq 0$

まず，(1) が成り立てば，$|y| < 2$ の実数に対しては $|z| = 1$ であるので，$z^{-1} = \bar{z}$ となり，式 (3.23) より

$$v(y) = u(z) = \frac{1}{\gamma_0}\Theta(z)\Theta(z^{-1}) = \frac{1}{\gamma_0}|\Theta(z)|^2 \geq 0.$$

つまり，(3) の条件が満たされている．

一方，もし (2) が成り立たないとすると，単根，または奇数次の重根 y_0 があることになり，その付近で $v(y)$ の符号が変わるはずなので，(3) の条件は満たされない．つまり，(3) が成り立てば (2) が成り立つ．

3.3 ARMA モデル

ここまで，AR モデルと MA モデルそれぞれを見てきたが，特徴を簡単にまとめると

- **AR モデル**
  過去の観測値に誤差を加えたモデルとして理解しやすいが，自己共分散の構造は複雑．

- **MA モデル**
  自己共分散の構造は単純だが，将来予測のモデルとしては過去の観測値がそのまま表れるわけではないので理解しづらい．

そこで，この 2 つを合わせた**自己回帰移動平均 (ARMA) モデル** (autoregressive moving average model) が考えられた．具体的には，分散 $\sigma^2 > 0$ のホワイトノイズ $\{\varepsilon_t\}$ を用いた方程式

$$\Phi(B)Z_t = \Theta(B)\varepsilon_t$$

あるいは

$$\sum_{j=0}^{p} \phi_j Z_{t-j} = \sum_{j=0}^{q} \theta_j \varepsilon_{t-j}$$

を満たすというモデルを，次数 (p,q) の ARMA モデルと呼び，ARMA(p,q) で表す．ARMA モデルにも最低限 AR モデルと同じ条件 (3.6) を課す．したがって，ARMA モデルは常に MA(∞) 表現をもつが，AR(∞) 表現をもつとは限らない．必要に応じて MA モデルの条件 (3.17) あるいは (3.18) を付加することになる．

なお，ARMA モデル特有の問題として，$\Phi(z)$ と $\Theta(z)$ が**共通根** (common root) をもつと，表現が一意に定まらなくなるという，**同定可能性** (identifiability) の問題がある [37]．そのため，一般的には共通根をもたないという条件をつけて表現の一意性を確保する．これを以下の簡単な例

3.3 ARMA モデル

で確認しておこう.

【例】 ARMA(1,1) モデル $Z_t - \alpha Z_{t-1} = \varepsilon_t - \alpha \varepsilon_{t-1}$ は,

$$(1 - \alpha B) Z_t = (1 - \alpha B) \varepsilon_t$$

と書き換えられる. 両辺の演算 $(1 - \alpha B)$ を約せば, $Z_t = \varepsilon_t$, つまり ARMA(0,0) モデルと同等である. これは, $\Phi(z) = 1 - \alpha z$ と $\Theta(z) = 1 - \alpha z$ が共通根 α^{-1} をもつことが原因である. 逆に, $Z_t = \varepsilon_t$ の両辺に同一の演算を施すことでいくらでも異なる表現が可能である.

また, ARMA(p, q) モデルのスペクトル密度関数は,

$$f(\lambda) = \sigma^2 \frac{\left|\Theta\left(\mathrm{e}^{2\pi i \lambda}\right)\right|^2}{\left|\Phi\left(\mathrm{e}^{2\pi i \lambda}\right)\right|^2}$$

で与えられる. この形からわかるように, スペクトル密度関数は有理関数の形をしており, 高い山や谷をもつ連続スペクトルを近似しやすい. これも ARMA モデルの 1 つの利点である.

> **2 階確率微分方程式と ARMA モデル**
> 連続時間の確率過程 $\{Z_t\}$ が 2 階確率微分方程式
> $$d^2 Z_t + \alpha_1 dZ_t + \alpha_0 Z_t dt = dB(t)$$
> を満たし, $B(t)$ がブラウン運動であるとき, この確率過程からの整数時間サンプリング $\{\ldots, Z_1, Z_2, Z_3, \ldots\}$ は ARMA(2,1) モデルに従う [26].

問題 13 上記の例の 2 階確率微分方程式からの整数時間サンプリングが ARMA(2,1) モデルに従うことを確かめなさい.

● **ARMA モデルのもつ再生性**

ARMA モデルに従う時系列の和は, また ARMA モデルに従うことが, 次の定理として知られている. このように, 和の演算に関して閉じている

こともARMAモデルの利点の1つである.

定理10 ([10])

$\left\{Z_t^{(1)}\right\}$と$\left\{Z_t^{(2)}\right\}$が直交していて,それぞれARMA(p_1,q_1),ARMA(p_2,q_2)モデルに従うならば,$Z_t = Z_t^{(1)} + Z_t^{(2)}$もARMA$(p,q)$に従う.ただし,$p \leq p_1 + p_2$であり$q \leq \max(p_1+q_2, p_2+q_1)$である.

証明 $\left\{Z_t^{(1)}\right\}$と$\left\{Z_t^{(2)}\right\}$が,それぞれ

$$\Phi_1(B)Z_t^{(1)} = \Theta_1(B)\varepsilon_t^{(1)}, \quad \Phi_2(B)Z_t^{(2)} = \Theta_2(B)\varepsilon_t^{(2)}$$

と表されれば,

$$\{\Phi_1(B)\Phi_2(B)\}Z_t = \Phi_2(B)\Theta_1(B)\varepsilon_t^{(1)} + \Phi_1(B)\Theta_2(B)\varepsilon_t^{(2)}$$

が成立する.まず,右辺の自己相関関数$\{\rho_k\}$は$k > \max(p_1+q_2, p_2+q_1)$で$\rho_k = 0$である.次に,定理9の関数$v(y)$で,$\Phi_2(B)\Theta_1(B)\varepsilon_t^{(1)}$に対応する関数を$v_1(y)$,$\Phi_1(B)\Theta_2(B)\varepsilon_t^{(2)}$に対応する関数を$v_2(y)$とすれば,右辺に対応する$v(y)$は

$$v(y) = \frac{\gamma_0^{(1)}}{\gamma_0^{(1)} + \gamma_0^{(2)}} v_1(y) + \frac{\gamma_0^{(2)}}{\gamma_0^{(1)} + \gamma_0^{(2)}} v_2(y)$$

と表せる.ただし,$\gamma_0^{(1)}$と$\gamma_0^{(2)}$はそれぞれ$\Phi_2(B)\Theta_1(B)\varepsilon_t^{(1)}$と$\Phi_1(B)\Theta_2(B)\varepsilon_t^{(2)}$の分散である.$-2 < y < 2$に対して$v_1(y) \geq 0$,$v_2(y) \geq 0$であることから$v(y) \geq 0$である.その上で,**定理9の補足**を用いれば,右辺は高々$\max(p_1+q_2, p_2+q_1)$次のMAモデルで表現できることがわかる. □

定理10は次数p, qの最大数しか与えていない.次の例からもわかるように,実際には,より少ない次数となっていることも多い.

【例】 2つのARMA(1,0)モデル,

$$(1 + \phi B)Z_t^{(1)} = \varepsilon_t^{(1)} \text{と} (1 - \phi B)Z_t^{(2)} = \varepsilon_t^{(2)}$$

3.3 ARMA モデル

を考える. ただし, $\left\{\varepsilon_t^{(1)}\right\}$ と $\left\{\varepsilon_t^{(2)}\right\}$ は直交したホワイトノイズで, 分散は等しく σ^2 であるとする. このとき, 定理 10 と同じように

$$(1-\phi B)(1+\phi B)\left(Z_t^{(1)} + Z_t^{(2)}\right) = (1-\phi B)\varepsilon_t^{(1)} + (1+\phi B)\varepsilon_t^{(2)}$$

という関係が得られる. この右辺を $\{\varepsilon_t\}$ とおくと, これもまたホワイトノイズになることが計算で確かめられる. したがって $Z_t = Z_t^{(1)} + Z_t^{(2)}$ は

$$\left(1 - \phi^2 B^2\right) Z_t = \varepsilon_t$$

という ARMA(2,0) モデルに従っていることがわかる.

問題 14 上記の例の $\{\varepsilon_t\}$ は分散 $2(1+\phi^2)\sigma^2$ の直交過程であることを確かめなさい.

- **ARMA モデルの一般化**

さまざまな一般化が考えられているが, そのうちのいくつかを紹介する.

○ $\Phi(B)$, $\Theta(B)$ が t や過去の観測値に依存してもよいという形での一般化, つまり

$$\Phi_t(B) = 1 + \phi_1(t, Z_{t-1}, Z_{t-2}, \ldots)B + \cdots + \phi_p(t, Z_{t-1}, Z_{t-2}, \ldots)B^p$$
$$\Theta_t(B) = 1 + \theta_1(t, Z_{t-1}, Z_{t-2}, \ldots)B + \cdots + \theta_q(t, Z_{t-1}, Z_{t-2}, \ldots)B^q$$

というように, t や過去の観測値 $Z_{t-1}, Z_{t-2}, \ldots$ に依存した $\Phi_t(B)$ と $\Theta_t(B)$ を用いての

$$\Phi_t(B)Z_t = \Theta_t(B)\varepsilon_t$$

というモデルである. ただし $\{Z_t\}$ が弱定常になるとは限らない.
たとえば, [24] では, 具体的に

$$Z_t = \left(\phi_1 + \pi_1 e^{-Z_{t-1}^2}\right) Z_{t-1} + \phi_2 Z_{t-2} + \varepsilon_t \tag{3.27}$$

というモデルが提案されているが, Z_{t-1} の係数が Z_{t-1}^2 に依存して

いる ARMA モデルである．実は，このモデルは確率微分方程式

$$d^2 Z_t + \alpha_1 dZ_t + \alpha_0 Z_t dt + \beta Z_t^3 dt = dB(t) \qquad (3.28)$$

からの整数時間サンプリングが従うモデルになっている．

問題 15 式 (3.28) の解が式 (3.27) を満たすことを確かめなさい．

○ ARMA モデルの右辺に $\{Z_t\}$ と $\{\varepsilon_t\}$ の積を加え一般化したモデル

$$\Phi(B)Z_t = \Theta(B)\varepsilon_t + \sum_{j=1}^{s}\sum_{k=1}^{r} \xi_{jk} Z_{t-j}\varepsilon_{t-k}$$

を (p,q,s,r) 次の**双線形モデル** (bilinear model) と呼ぶ．この名前は，右辺の第 2 項が，$\boldsymbol{Z}_t = (Z_t, Z_{t-1}, \ldots, Z_{t-s})^\top$ と $\boldsymbol{\varepsilon}_t = (\varepsilon_t, \varepsilon_{t-1}, \ldots, \varepsilon_{t-s})^\top$ に関する双線形関数，つまり $f(\alpha \boldsymbol{Z}_t, \boldsymbol{\varepsilon}_t) = \alpha f(\boldsymbol{Z}_t, \boldsymbol{\varepsilon}_t)$ と $f(\boldsymbol{Z}_t, \beta\boldsymbol{\varepsilon}_t) = \beta f(\boldsymbol{Z}_t, \boldsymbol{\varepsilon}_t)$ を満たす関数になっていることに由来している [9, 29]．

3.4 その他のモデル

最後に，AR，MA，ARMA モデル以外によく知られているモデルとして，ARIMA モデル，ARCH モデルと GARCH モデルそれぞれを紹介する．

● **ARIMA モデル**

時系列 $\{Z_t\}$ の d 階差分をとった $\{(1-B)^d Z_t\}$ が ARMA(p,q) モデルに従う，つまり

$$\Phi(B)(1-B)^d Z_t = \Theta(B)\varepsilon_t$$

を満たすとき，(p,d,q) 次の**自己回帰和分移動平均 (ARIMA) モデル** (autoregressive integrated moving average) と呼ぶ．ただし，d は正整数である．左辺の伝達関数 $\Phi(z)(1-z)^d$ は常に根 $z=1$ をもつので，$\{Z_t\}$

3.4 その他のモデル

は非定常である．経済時系列では，$d=1$ とした ARIMA$(p,1,q)$ のほか，ARIMA モデルではないが，月別時系列で前年比を考慮するために 12 カ月前との差分をとった

$$\Phi(B)\left(1-B^{12}\right)Z_t = \Theta(B)\varepsilon_t$$

のような非定常モデルもよく用いられる．

ARIMA(p,d,q) モデルでは，d は正整数に限られるが，実は $-1/2 < d < 1/2$ の範囲の実数も可能である．このときが**フラクショナル ARIMA** (fractional ARIMA, ARFIMA) モデルとなる．なお，この範囲の d に対する差分は 2 項展開

$$(1-B)^d = \sum_{k=0}^{\infty} \binom{d}{k} (-B)^k$$

によって定義する．ARIMA モデルが非定常過程であるのに対し，フラクショナル ARIMA モデルは常に弱定常であり，スペクトル密度関数は

$$f(\lambda) = \sigma^2 \frac{|\Theta(e^{2\pi i\lambda})|^2}{|\Phi(e^{2\pi i\lambda})|^2} \left|1 - e^{2\pi i\lambda}\right|^{-2d}$$

で与えられる．しかし，このスペクトル密度は，原点付近で，$0<d<1/2$ なら λ^{-2d} のオーダーで発散し，$-1/2<d<0$ なら 0 に収束する．また自己共分散関数については，大きな h に対して

$$\gamma_h \sim C|h|^{2d-1}$$

のような評価が成り立ち，AR モデルの自己共分散関数が h とともに指数的に減少するのに比べれば，極めてゆっくりした減少であることがわかる [15]．

長期記憶性

整数時間弱定常時系列 $\{Z_t\}$ の自己共分散関数 γ_h が，

$$\sum_{h=-\infty}^{\infty} |\gamma_h| = \infty \tag{3.29}$$

となるとき，$\{Z_t\}$ は長期記憶性 (long memory) をもつ，あるいは長期記憶時系列 (long memory time series) であるという．これは，h が大きくなっても，つまり時間的に遠くなっても，相関があまり落ちないことを意味しているからである．1.2 節の系 1 でのスペクトル密度が存在するための条件が式 (3.29) とちょうど逆であることを思い出せば，周波数 0 付近の波が極端に多く含まれている，つまり極めてゆっくりした動きの波が多く含まれている時系列が長期記憶時系列であることになる．上で紹介したフラクショナル ARIMA モデルで $0 < d < 1/2$ のときこの長期記憶時系列になる．一方，$-1/2 < d < 0$ のときは式 (3.29) を満たさないが，それでも $\{\gamma_h\}$ の落ち方は遅いので，準長期記憶時系列と呼ばれることもある．また，この場合も含めるように長期記憶時系列の定義を修正している場合もある．

● **ARCH モデル，GARCH モデル**

ここまで，誤差 $\{\varepsilon_t\}$ は等分散，つまり $\|\varepsilon_t\|^2 = \sigma^2$ であると仮定してきたが，これが時間とともに変化するモデルを考える．まず Z_t の条件付き期待値 $\mathrm{E}(Z_t|Z_{t-1}, Z_{t-2}, ...)$ を μ_t とし，$\varepsilon_t = Z_t - \mu_t$ とおく．$\{\varepsilon_t\}$ の条件付き分散 $\sigma_t^2 = \mathrm{E}\left(\varepsilon_t^2 | \varepsilon_{t-1}, \varepsilon_{t-2}, ...\right)$ が

$$\sigma_t^2 = c + \sum_{j=1}^{q} \alpha_j \varepsilon_{t-j}^2 \tag{3.30}$$

を満たすとき，q 次の**分散自己回帰 (ARCH) モデル**（分散不均一モデル，autoregressive conditional heteroskedasticity model）に従うという．

なお，σ_t^2 が式 (3.30) を満たす満たさないにかかわらず，$\xi_t = \varepsilon_t/\sigma_t$ はホワイトノイズとなる．いいかえれば，誤差 $\varepsilon_t = \xi_t \sigma_t$ はホワイトノイズ $\{\xi_t\}$ のスケールを $\{\sigma_t\}$ で変化させたものであり，そのスケールの式 (3.30) によるモデル化の一例が ARCH モデルである，と考えることもできる．

問題 16 ξ_t がホワイトノイズであることを確かめなさい．

ヒント：σ_t は $\sigma(\varepsilon_{t-1}, \varepsilon_{t-2}, ...)$ 可測であるので $\sigma(Z_{t-2}, Z_{t-3}, ...)$ 可測でもある．

ARCH という名前は，背後に $\{\varepsilon_t^2\}$ の AR モデル

3.4 その他のモデル

$$\varepsilon_t^2 = c + \sum_{j=1}^{q} \alpha_i \varepsilon_{t-j}^2 + w_t$$

を考えているからである．実際，$\mathrm{E}(w_t|\varepsilon_{t-1},\varepsilon_{t-2},\ldots) = 0$ の仮定のもと，この両辺の $\{\varepsilon_{t-1},\varepsilon_{t-2},\ldots\}$ での条件付き期待値を考えれば，式 (3.30) が得られる．

ただし，ARCH モデルは時系列 $\{Z_t\}$ そのもののモデルではなく，AR モデルや ARMA モデルに現れる誤差 $\{\varepsilon_t\}$ が等分散でないときの，その分散に関するモデルである．したがって，実際には μ_t に関するモデル，たとえばモデル $\mu_t = \sum_{j=1}^{p} \phi_j Z_{t-j}$ などをあわせ考える必要がある．

また，$\{\sigma_t^2\}$ を式 (3.30) でなく，

$$\sigma_t^2 = c + \sum_{j=1}^{q} \alpha_j \varepsilon_{t-j}^2 + \sum_{j=1}^{p} \beta_j \sigma_{t-j}^2$$

とモデル化したときには，(p,q) 次の**一般化分散自己回帰 (GARCH) モデル** (generalized autoregressive conditional heteroskedasticity model) と呼ばれる．ARCH モデルや GARCH モデルは，経済時系列の 1 つの標準的なモデルとしてよく用いられる．

- **確率的ニューラルネットワーク**

ここまで紹介してきたモデルはいずれも，ある方程式を満たすという形で定義されたモデルであるが，方程式を，確率的に出力が変化する確率的ニューロンを階層的に結合した**確率的ニューラルネットワーク** (stochastic neural network) で置き換えることで非線形性をアダプティブに学習させると，予測精度がかなり向上することも知られている [16]．

第 4 章

多変量時系列

ここまでは 1 変量時系列，つまりスカラー値の時系列を扱ってきたが，本章では，各時点で複数の値をとる**多変量時系列** (multivariate time series) を扱う．この場合は，複数の要素とその添え字を使う必要が生じるので，時点の添え字 t との混乱を避けるため，1 変量時系列を $\{Z(t)\}$ と書き，m 変量の多変量時系列は $\{\boldsymbol{Z}(t)\}$ と書くことにする．これは m 個の (相関のある) 1 変量時系列 $\{Z_j(t)\}$ $(j=1,2,\ldots,m)$ を並べたベクトル系列

$$\boldsymbol{Z}(t) = (Z_1(t), Z_2(t), \ldots, Z_m(t))^\top$$

と考えてもよい．ただし，ベクトル $\boldsymbol{v}$ に対し $\boldsymbol{v}^\top$ は転置ベクトルを表す．また，時間 t は整数時間 $(t=0,\pm 1,\pm 2,\ldots)$ のみを考え，

$$\mathrm{E}(\boldsymbol{Z}(t)) = (0,0,\ldots,0)^\top = \boldsymbol{0}$$

も仮定することにする．

4.1 多変量時系列の性質

● 弱定常過程

まず，多変量の場合も 1 変量の場合と同じように，自己共分散が時間差 h にだけ依存するとき弱定常時系列と定義される．ただし，多変量時

4.1 多変量時系列の性質

系列 $\{\boldsymbol{Z}(t)\}$ の時間差 h の自己共分散は，m 次元ベクトル $\{\boldsymbol{Z}(t)\}$ に対して共役転置 $\boldsymbol{Z}(t)^* = \overline{\boldsymbol{Z}(t)}^\top$ の記号を導入して，

$$\mathrm{E}\left(\boldsymbol{Z}(t+h)\boldsymbol{Z}(t)^*\right) \qquad (4.1)$$

と定義する．したがって，時間差 h の自己共分散 (4.1) が時間差 h だけに依存する，つまり

$$\gamma(h) = (\gamma_{jk}(h)\,;1 \leq j,k \leq m) = \mathrm{E}\left(\boldsymbol{Z}(t+h)\boldsymbol{Z}(t)^*\right)$$

と表せるとき，$\{\boldsymbol{Z}(t)\}$ を**多変量弱定常時系列** (multivariate weakly stationary time series) と呼ぶ．また，$\gamma(h)$ は時間差 h の**自己共分散行列** (autocovariance matrix) と呼ばれ，$\gamma(h)$ の各要素

$$\gamma_{jk}(h) = \langle Z_j(t+h), Z_k(t)\rangle$$

は，$\{\boldsymbol{Z}(t)\}$ の j 番目の変量 $\{Z_j(t)\}$ と k 番目の変量 $\{Z_k(t)\}$ の時間差 h の共分散関数である．ここで，j と k を入れ替えた $\gamma_{jk}(h)$ と $\gamma_{kj}(h)$ は

$$\gamma_{jk}(h) = \overline{\gamma_{kj}(-h)}$$

の関係にあり，必ずしも一致しないことを注意しておく．これは，$\gamma_{jk}(h)$ と $\gamma_{kj}(h)$ では，どちらの要素の時間を進めるかで違いが生まれるからである．

また，1 変量の場合の拡張として，$\boldsymbol{X}(t)$ と $\boldsymbol{Y}(t)$ の内積とノルムを

$$\langle \boldsymbol{X}(t), \boldsymbol{Y}(t)\rangle = \mathrm{E}\left(\boldsymbol{X}(t)^\top \overline{\boldsymbol{Y}(t)}\right), \quad \|\boldsymbol{X}(t)\|^2 = \mathrm{E}\left(\boldsymbol{X}(t)^\top \overline{\boldsymbol{X}(t)}\right)$$

で定義する．1 変量時系列のときと異なり，多変量時系列では $\gamma(h)$ は行列，$\langle \boldsymbol{Z}(t+h), \boldsymbol{Z}(t)\rangle$ はスカラーであり，一致しないことを注意しておく．

自己相関 $\rho(h) = (\rho_{jk}(h)\,;1 \leq j,k \leq m)$ は，1 変量のときと同じように $\gamma(h)$ から，

$$\rho_{jk}(h) = \frac{\gamma_{jk}(h)}{\sqrt{\gamma_{jj}(0)}\sqrt{\gamma_{kk}(0)}}$$

で定義する．$\rho(h)$ を**自己相関行列** (autocorrelation matrix) と呼ぶ．

● スペクトル表現

時間 t が整数時間の場合は，1 変量弱定常時系列と同じように，多変量弱定常時系列 $\{\boldsymbol{Z}(t)\}$ も

$$\boldsymbol{Z}(t) = \int_{-\frac{1}{2}}^{\frac{1}{2}} e^{2\pi it\lambda} d\boldsymbol{W}(\lambda)$$

というスペクトル表現をもつ．ただし，$\{\boldsymbol{W}(\lambda)\}$ は各 $\{Z_j(t)\}$ のスペクトル表現に現れる直交増分過程 $\{W_j(\lambda)\}$ $(j=1,2,\ldots,m)$ を並べた

$$\boldsymbol{W}(\lambda) = (W_1(\lambda), W_2(\lambda), \ldots, W_m(\lambda))^\top$$

であるが，直交増分過程どうしが直交しているわけではないので，スペクトル分布関数は行列値をとる関数 $\boldsymbol{F}(\lambda) = (F_{jk}(\lambda); 1 \leq j, k \leq m)$ となり，$dF_{jk} = <dW_j, dW_k>$ で定義される．

スペクトル密度関数もスペクトル分布関数の密度が存在すれば，行列値をとる密度関数として定義され，$\gamma(h)$ の各要素をフーリエ変換することによって求めることもできる．つまり，任意の $1 \leq j, k \leq m$ について $\sum_{h=-\infty}^{\infty} |\gamma_{jk}(h)| < \infty$ であるとき，**スペクトル密度行列** (spectral density matrix) が

$$f(\lambda) = (f_{jk}(\lambda); 1 \leq j, k \leq m) = \sum_{h=-\infty}^{\infty} e^{-2\pi ih\lambda} \gamma(h)$$

のように求まり，

$$\gamma(h) = \int_{-\frac{1}{2}}^{\frac{1}{2}} e^{2\pi ih\lambda} f(\lambda) d\lambda$$

で $\gamma(h)$ に戻る．以降ではスペクトル密度行列が常に存在すると仮定する．

4.1 多変量時系列の性質

ここで，スペクトル密度行列の要素を少し詳しく調べておこう．

$$f_{jk}(\lambda)d\lambda = \langle dW_j(\lambda), dW_k(\lambda)\rangle = \overline{\langle dW_k(\lambda), dW_j(\lambda)\rangle} = \overline{f_{kj}(\lambda)}d\lambda$$

より，

$$f_{jk}(\lambda) = \overline{f_{kj}(\lambda)} \tag{4.2}$$

が成り立ち，行列 $f(\lambda)$ の上三角部分が求まればすべての要素が求められる．さらに，$\{Z(t)\}$ が実数値しかとらないならば，

$$\gamma_{jk}(h) = \overline{\gamma_{jk}(h)} = \gamma_{kj}(-h)$$

より $f_{jk}(\lambda) = f_{kj}(-\lambda)$ も成り立つので，上の結果と合わせれば，

$$f_{jk}(\lambda) = \overline{f_{jk}(-\lambda)}$$

となり，$0 \leq \lambda \leq \frac{1}{2}$ に対する値が求まれば，$-\frac{1}{2} \leq \lambda \leq 0$ についてもすべて求まる．

スペクトル密度行列 $f(\lambda)$ の固有値の性質

一般的に，行列 $A = (a_{jk}; 1 \leq j, k \leq m)$ が $A = A^*$，つまり任意の a_{jk} ($1 \leq j, k \leq m$) について $a_{jk} = \overline{a_{kj}}$ であるとき，A はエルミート行列 (Hermitian matrix) と呼ばれ，エルミート行列の固有値はすべて実数である．

スペクトル密度行列 $f(\lambda)$ の値はエルミート行列であるが，さらに非負定符号（半正定値），つまり固有値が非負実数の行列でもある．実際，任意の m 次元複素ベクトル $\boldsymbol{\xi} = (\xi_1, \xi_2, \ldots, \xi_m)^\top$ について，

$$Y(t) = \xi^\top Z(t)$$

を作ると，$\{Y(t)\}$ は 1 変量時系列で自己共分散関数

$$\gamma_h = \langle Y(t+h), Y(t)\rangle = \boldsymbol{\xi}^\top \mathrm{E}\left(Z(t+h)Z(t)^*\right)\overline{\boldsymbol{\xi}} = \boldsymbol{\xi}^\top \gamma(h)\overline{\boldsymbol{\xi}}$$

をもつ．第 1 章で示した通り，1 変量時系列 $\{Y(t)\}$ のスペクトル密度関数 $f^Y(\lambda)$ が非負であるので，

$$0 \leq f^Y(\lambda) = \boldsymbol{\xi}^\top f(\lambda)\overline{\boldsymbol{\xi}}.$$

● コヒーレンシー

コヒーレンシーは，$\{Z_j(t)\}$ と $\{Z_k(t)\}$ を

$$Z_j(t) = \int_{-\frac{1}{2}}^{\frac{1}{2}} e^{2\pi it\lambda} dW_j(\lambda), \quad Z_k(t) = \int_{-\frac{1}{2}}^{\frac{1}{2}} e^{2\pi it\lambda} dW_k(\lambda)$$

のようにスペクトル表現したときの，$dW_j(\lambda)$ と $dW_k(\lambda)$ の相関に相当する量である．つまり，2つの時系列に共通して含まれる周波数 λ の波の相対的な強さを表している．具体的には，$\{Z_j(t)\}$ と $\{Z_k(t)\}$ の周波数 λ における**複素コヒーレンシー** (complex coherency) を

$$c_{jk}(\lambda) = \frac{f_{jk}(\lambda)}{\sqrt{f_{jj}(\lambda)}\sqrt{f_{kk}(\lambda)}}$$

で定義する．また，複素コヒーレンシー $c_{jk}(\lambda)$ の絶対値をとった

$$w_{jk}(\lambda) = |c_{jk}(\lambda)|$$

を $\{Z_j(t)\}$ と $\{Z_k(t)\}$ の周波数 λ における**コヒーレンシー** (coherency)，$c_{jk}(\lambda)$ の偏角

$$p_{jk}(\lambda) = \arg\left(c_{jk}(\lambda)\right) = \arg\left(f_{jk}(\lambda)\right)$$

を**フェーズ** (phase) という．

コヒーレンシーは，多変量時系列の変量ごとの線形変換に関して不変という性質をもっている．たとえば，2変量時系列 $\boldsymbol{Z}(t) = (Z_1(t), Z_2(t))^\top$ の変量それぞれを係数 $\left\{g_h^{(1)}\right\}, \left\{g_h^{(2)}\right\}$ によって線形変換した $\boldsymbol{Y}(t) = (Y_1(t), Y_2(t))^\top$，

$$Y_1(t) = \sum_{h=-\infty}^{\infty} g_h^{(1)} Z_1(t-h), \quad Y_2(t) = \sum_{h=-\infty}^{\infty} g_h^{(2)} Z_2(t-h)$$

を考え，$f^{\boldsymbol{Z}}(\lambda)$ と $f^{\boldsymbol{Y}}(\lambda)$ をそれぞれ $\{\boldsymbol{Z}(t)\}$ と $\{\boldsymbol{Y}(t)\}$ のスペクトル密度行列とする．すると，

$$G^{(1)}(\lambda) = \sum_{h=-\infty}^{\infty} g_h^{(1)} e^{-2\pi i \lambda h}, \quad G^{(2)}(\lambda) = \sum_{h=-\infty}^{\infty} g_h^{(2)} e^{-2\pi i \lambda h}$$

を用いて，$f^{\boldsymbol{Y}}(\lambda)$ の要素と $f^{\boldsymbol{Z}}(\lambda)$ の要素の間の関係を，

$$f_{11}^{\boldsymbol{Y}}(\lambda) = \left|G^{(1)}(\lambda)\right|^2 f_{11}^{\boldsymbol{Z}}(\lambda), \quad f_{12}^{\boldsymbol{Y}}(\lambda) = G^{(1)}(\lambda)\overline{G^{(2)}(\lambda)} f_{12}^{\boldsymbol{Z}}(\lambda)$$

$$f_{22}^{\boldsymbol{Y}}(\lambda) = \left|G^{(2)}(\lambda)\right|^2 f_{22}^{\boldsymbol{Z}}(\lambda)$$

のように表せる．具体的には，たとえば $f_{11}^{\boldsymbol{Y}}(\lambda)$ については，対応する共分散関数 $\gamma_{11}^{\boldsymbol{Y}}(h)$ が

$$\begin{aligned}
\gamma_{11}^{\boldsymbol{Y}}(h) &= \langle Y_1(t+h), Y_1(t) \rangle \\
&= \sum_{j=-\infty}^{\infty} \sum_{k=-\infty}^{\infty} g_j^{(1)} \overline{g_k^{(1)}} \langle Z_1(t+h-j), Z_1(t-k) \rangle \\
&= \sum_{j=-\infty}^{\infty} \sum_{k=-\infty}^{\infty} g_j^{(1)} \overline{g_k^{(1)}} \int_{-\frac{1}{2}}^{\frac{1}{2}} e^{2\pi i(h-j+k)\lambda} f_{11}^{\boldsymbol{Z}}(\lambda) d\lambda \\
&= \int_{-\frac{1}{2}}^{\frac{1}{2}} \left|G^{(1)}(\lambda)\right|^2 f_{11}^{\boldsymbol{Z}}(\lambda) e^{2\pi i h \lambda} d\lambda
\end{aligned}$$

のようにして導かれる．

問題 17 $f_{11}^{\boldsymbol{Y}}(\lambda), f_{22}^{\boldsymbol{Y}}(\lambda)$ に関する上記の関係についても計算で確かめなさい．

これらの関係を用いれば，$\{\boldsymbol{Y}(t)\}$ のコヒーレンシーは，

$$w_{12}(\lambda) = \left|\frac{f_{12}^{\boldsymbol{Y}}(\lambda)}{\sqrt{f_{11}^{\boldsymbol{Y}}(\lambda)}\sqrt{f_{22}^{\boldsymbol{Y}}(\lambda)}}\right| = \left|\frac{f_{12}^{\boldsymbol{Z}}(\lambda)}{\sqrt{f_{11}^{\boldsymbol{Z}}(\lambda)}\sqrt{f_{22}^{\boldsymbol{Z}}(\lambda)}}\right|$$

となり，$\{\boldsymbol{Z}(t)\}$ のコヒーレンシーと一致することがわかる．

一方，フェーズは

$$\begin{aligned}
p_{12}(\lambda) = \arg(w_{12}(\lambda)) &= \arg\left(f_{12}^{\boldsymbol{Y}}(\lambda)\right) \\
&= \arg\left(G^{(1)}(\lambda)\right) - \arg\left(G^{(2)}(\lambda)\right) + \arg\left(f_{12}^{\boldsymbol{Z}}(\lambda)\right)
\end{aligned}$$

となり，$\arg\left(G^{(1)}(\lambda)\right) - \arg\left(G^{(2)}(\lambda)\right)$ だけ変化する．

最後に，簡単な例として 2 変量弱定常時系列の変量間に入出力関係がある例で，スペクトル密度行列やコヒーレンシーの値がどうなるか確認しておこう．

【例】2 変量時系列の変量間に入出力関係がある場合

2 変量弱定常時系列 $\boldsymbol{Z}(t) = (Z_1(t), Z_2(t))^\top$ で，$\{Z_1(t)\}$ が，あるシステムの入力，$\{Z_2(t)\}$ が出力で，これらが

$$Z_2(t) = \sum_{h=1}^{p} g_h Z_1(t-h) + \varepsilon(t)$$

という関係で結ばれているとする．ただし，攪乱項 $\{\varepsilon(t)\}$ は弱定常時系列ならなんでもよいが，$\{Z_1(t)\}$ とは直交しているとする．ここで，$G(\lambda) = \sum_{h=1}^{p} g_h \mathrm{e}^{-2\pi i h \lambda}$ を導入し，$f^\varepsilon(\lambda)$ を $\{\varepsilon(t)\}$ のスペクトル密度関数とすれば，

$$\begin{aligned}\gamma_{22}(h) &= \sum_{j=1}^{p}\sum_{k=1}^{p} g_j \overline{g_k} \int_{-\frac{1}{2}}^{\frac{1}{2}} \mathrm{e}^{2\pi i (h-j+k)\lambda} f_{11}(\lambda) d\lambda \\ &\quad + \int_{-\frac{1}{2}}^{\frac{1}{2}} \mathrm{e}^{2\pi i h \lambda} f^\varepsilon(\lambda) d\lambda \\ &= \int_{-\frac{1}{2}}^{\frac{1}{2}} \left\{|G(\lambda)|^2 f_{11}(\lambda) + f^\varepsilon(\lambda)\right\} \mathrm{e}^{2\pi i h \lambda} d\lambda\end{aligned}$$

から，

$$f_{22}(\lambda) = |G(\lambda)|^2 f_{11}(\lambda) + f^\varepsilon(\lambda)$$

なる関係が導かれる．これはさらに

$$1 = \frac{|G(\lambda)|^2 f_{11}(\lambda)}{f_{22}(\lambda)} + \frac{f^\varepsilon(\lambda)}{f_{22}(\lambda)} \tag{4.3}$$

と書き換えられるが，$f_{12}(\lambda) = \overline{G(\lambda)} f_{11}(\lambda)$ であるので，式 (4.3) の右辺の第 1 項はコヒーレンシーの 2 乗 $w_{12}(\lambda)^2$ にほかならない．つ

まり，出力に占める入力と攪乱項の影響度を周波数ごとに示しているのがこの式であると考えることもできる．

特に，係数 $\{g_h\}$ が $h = d$ のときのみ g で，それ以外では 0 である場合を考えれば，入出力関係は

$$Z_2(t) = gZ_1(t-d) + \varepsilon(t)$$

となり，スペクトル密度関数 $f_{12}(\lambda), f_{22}(\lambda)$ が $f_{11}(\lambda)$ と $f^\varepsilon(\lambda)$ を用いて

$$f_{12}(\lambda) = ge^{2\pi i \lambda d}f_{11}(\lambda), \quad f_{22}(\lambda) = g^2 f_{11}(\lambda) + f^\varepsilon(\lambda)$$

のように表せるので，$\{\boldsymbol{Z}(t)\}$ の複素コヒーレンシーは

$$c_{12}(\lambda) = \frac{gf_{11}(\lambda)^{\frac{1}{2}}e^{2\pi i \lambda d}}{\{g^2 f_{11}(\lambda) + f^\varepsilon(\lambda)\}^{\frac{1}{2}}}$$

となり，コヒーレンシー，フェーズはそれぞれ

$$w_{12}(\lambda) = \frac{1}{\left\{1 + \frac{f^\varepsilon(\lambda)}{g^2 f_{11}(\lambda)}\right\}^{\frac{1}{2}}}, \quad p_{12}(\lambda) = \arg(c_{12}(\lambda)) = 2\pi\lambda d$$

となる．

4.2 時系列どうしの関係

ここまでは，1 つの多変量時系列 $\{\boldsymbol{Z}(t)\}$ の性質について見てきた．次に，2 つの多変量時系列の関係を調べるための指標についても確認しておこう．

4.2.1 スペクトル密度行列とクロススペクトル密度行列

一般的な 2 つの多変量弱定常時系列として，m' 変量弱定常時系列 $\{\boldsymbol{Y}(t)\}$ と m 変量弱定常時系列 $\{\boldsymbol{Z}(t)\}$ を考えたとき，4 種類の共分散

$$\gamma^{\boldsymbol{Y}}(h) = \mathrm{E}\left(\boldsymbol{Y}(t+h)\boldsymbol{Y}(t)^*\right), \quad \gamma^{\boldsymbol{YZ}}(h) = \mathrm{E}\left(\boldsymbol{Y}(t+h)\boldsymbol{Z}(t)^*\right)$$
$$\gamma^{\boldsymbol{ZY}}(h) = \mathrm{E}\left(\boldsymbol{Z}(t+h)\boldsymbol{Y}(t)^*\right), \quad \gamma^{\boldsymbol{Z}}(h) = \mathrm{E}\left(\boldsymbol{Z}(t+h)\boldsymbol{Z}(t)^*\right)$$

が考えられる. $\gamma^{\boldsymbol{YZ}}(h)$ は $\{\boldsymbol{Y}(t)\}$ と $\{\boldsymbol{Z}(t)\}$ の, $\gamma^{\boldsymbol{ZY}}(h)$ は $\{\boldsymbol{Z}(t)\}$ と $\{\boldsymbol{Y}(t)\}$ の**クロス共分散関数** (cross-covariance function) と呼ばれる.

問題 18 $\gamma^{\boldsymbol{YZ}}(h)$ と $\gamma^{\boldsymbol{ZY}}(h)$ の間に成り立つ関係を求めなさい.

どの共分散においても, 任意の要素 $\gamma_{jk}(h)$ について $\sum_{h=-\infty}^{\infty} |\gamma_{jk}(h)| < \infty$ が成立するならば, それぞれに対応した4種類のスペクトル密度行列 $f^{\boldsymbol{Y}}(\lambda)$, $f^{\boldsymbol{YZ}}(\lambda)$, $f^{\boldsymbol{ZY}}(\lambda)$, $f^{\boldsymbol{Z}}(\lambda)$ が存在する. 以降, 本書では常にこれらのスペクトル密度行列が存在すると仮定する.

前節で定義したように, $f^{\boldsymbol{Y}}(\lambda)$, $f^{\boldsymbol{Z}}(\lambda)$ はそれぞれ $\{\boldsymbol{Y}(t)\}$ と $\{\boldsymbol{Z}(t)\}$ のスペクトル密度行列である. 一方, $f^{\boldsymbol{YZ}}(\lambda)$ は $\{\boldsymbol{Y}(t)\}$ と $\{\boldsymbol{Z}(t)\}$, $f^{\boldsymbol{ZY}}(\lambda)$ は $\{\boldsymbol{Z}(t)\}$ と $\{\boldsymbol{Y}(t)\}$ の**クロススペクトル** (cross-spectrum) 密度行列と呼ばれる. もし, $\{\boldsymbol{Y}(t)\}$, $\{\boldsymbol{Z}(t)\}$ がともに実数値しかとらないならば, $f^{\boldsymbol{YZ}}(\lambda)^* = f^{\boldsymbol{ZY}}(\lambda)$ が成り立つ.

次に, $\{\boldsymbol{Y}(t)\}$ と $\{\boldsymbol{Z}(t)\}$ の間に線形関係がある場合について, これらのスペクトル密度行列やクロススペクトル密度行列がどのように表されるかを見ていこう. まず, 簡単な場合として, ノイズのない場合, つまり $\{\boldsymbol{Y}(t)\}$ と $\{\boldsymbol{Z}(t)\}$ の間に

$$\boldsymbol{Y}(t) = \sum_{h=-\infty}^{\infty} g(h) \boldsymbol{Z}(t-h) \tag{4.4}$$

という線形関係がある場合を考える. ちなみに, このような線形演算は**ノイズレスフィルター** (noiseless filter), $m' \times m$ 行列 $g(h)$ は**インパルス応答行列** (impulse response matrix) とも呼ばれる. $\{\boldsymbol{Y}(t)\}$ と $\{\boldsymbol{Z}(t)\}$ は弱定常過程なので, それぞれスペクトル表現

$$\boldsymbol{Y}(t) = \int_{-\frac{1}{2}}^{\frac{1}{2}} \mathrm{e}^{2\pi i t \lambda} d\boldsymbol{W}^{(\boldsymbol{Y})}(\lambda), \quad \boldsymbol{Z}(t) = \int_{-\frac{1}{2}}^{\frac{1}{2}} \mathrm{e}^{2\pi i t \lambda} d\boldsymbol{W}^{(\boldsymbol{Z})}(\lambda)$$

をもつ. したがって,

$$G(\lambda) = \sum_{h=-\infty}^{\infty} g(h)e^{-2\pi ih\lambda}$$

を用いれば,

$$\boldsymbol{Y}(t) = \sum_{h=-\infty}^{\infty} g(h) \int_{-\frac{1}{2}}^{\frac{1}{2}} e^{2\pi i(t-h)\lambda} d\boldsymbol{W}^{(\boldsymbol{Z})}(\lambda) = \int_{-\frac{1}{2}}^{\frac{1}{2}} e^{2\pi it\lambda} G(\lambda) d\boldsymbol{W}^{(\boldsymbol{Z})}(\lambda)$$

より, $d\boldsymbol{W}^{(\boldsymbol{Y})}(\lambda)$ は $d\boldsymbol{W}^{(\boldsymbol{Z})}(\lambda)$ を用いて

$$d\boldsymbol{W}^{(\boldsymbol{Y})}(\lambda) = G(\lambda)d\boldsymbol{W}^{(\boldsymbol{Z})}(\lambda) \tag{4.5}$$

と表される. これを, $d\boldsymbol{W}^{(\boldsymbol{Y})}(\lambda)$ の要素 $dW_j^{(\boldsymbol{Y})}(\lambda)$, $j=1,2,\ldots,m'$ について書き下せば,

$$dW_j^{(\boldsymbol{Y})}(\lambda) = G_{j1}(\lambda)dW_1^{(\boldsymbol{Z})}(\lambda) + \cdots + G_{jm}(\lambda)dW_m^{(\boldsymbol{Z})}(\lambda)$$

となり, 時間領域における式 (4.4) の関係よりも直接的な線形関係が成立していることがわかる. また, 式 (4.5) を使えば,

$$f^{\boldsymbol{Y}}(\lambda)d\lambda = \mathrm{E}\left(d\boldsymbol{W}^{(\boldsymbol{Y})}(\lambda)d\boldsymbol{W}^{(\boldsymbol{Y})}(\lambda)^*\right) = G(\lambda)f^{\boldsymbol{Z}}(\lambda)G(\lambda)^*d\lambda$$
$$f^{\boldsymbol{YZ}}(\lambda)d\lambda = \mathrm{E}\left(d\boldsymbol{W}^{(\boldsymbol{Y})}(\lambda)d\boldsymbol{W}^{(\boldsymbol{Z})}(\lambda)^*\right) = G(\lambda)f^{\boldsymbol{Z}}(\lambda)d\lambda$$

より, $f^{\boldsymbol{Y}}(\lambda)$ と $f^{\boldsymbol{YZ}}(\lambda)$ は $f^{\boldsymbol{Z}}(\lambda)$ を用いて

$$f^{\boldsymbol{Y}}(\lambda) = G(\lambda)f^{\boldsymbol{Z}}(\lambda)G(\lambda)^*, \quad f^{\boldsymbol{YZ}}(\lambda) = G(\lambda)f^{\boldsymbol{Z}}(\lambda)$$

と表せることがわかる.

次に, ノイズのある場合として, $\{\boldsymbol{Y}(t)\}$ と $\{\boldsymbol{Z}(t)\}$ の間に

$$\boldsymbol{Y}(t) = \sum_{h=-\infty}^{\infty} g(h)\boldsymbol{Z}(t-h) + \boldsymbol{\varepsilon}(t) \tag{4.6}$$

という線形関係を考える. 式 (4.6) のような線形演算は, **ノイズのあるフィルター** (noisy filter) とも呼ばれる. ここでのノイズ $\{\boldsymbol{\varepsilon}(t)\}$ は $\{\boldsymbol{Z}(t)\}$

と直交する弱定常時系列であり，任意の $h = 0, \pm 1, \pm 2, \ldots$ に対して $\mathrm{E}(\boldsymbol{\varepsilon}(t+h)\boldsymbol{Z}(t)^*) = \mathrm{O}$ を満たすとする．ただし，O は**要素がすべて 0 の行列**（零行列）である．このとき，$\{\boldsymbol{\varepsilon}(t)\}$ を

$$\boldsymbol{\varepsilon}(t) = \int_{-\frac{1}{2}}^{\frac{1}{2}} \mathrm{e}^{2\pi it\lambda} d\boldsymbol{W}^{(\boldsymbol{\varepsilon})}(\lambda)$$

と表せば，ノイズのない場合と同様に考えて

$$d\boldsymbol{W}^{(\boldsymbol{Y})}(\lambda) = G(\lambda) d\boldsymbol{W}^{(\boldsymbol{Z})}(\lambda) + d\boldsymbol{W}^{(\boldsymbol{\varepsilon})}(\lambda)$$

という関係が導かれる．これを用いれば，

$$f^{\boldsymbol{YZ}}(\lambda) = G(\lambda) f^{\boldsymbol{Z}}(\lambda)$$
$$f^{\boldsymbol{Y}}(\lambda) = G(\lambda) f^{\boldsymbol{Z}}(\lambda) G(\lambda)^* + f^{\boldsymbol{\varepsilon}}(\lambda)$$

が得られ，この 2 つを組み合わせれば，$f^{\boldsymbol{Z}}(\lambda)^{-1}$ が存在する限り

$$f^{\boldsymbol{Y}}(\lambda) = f^{\boldsymbol{YZ}}(\lambda) f^{\boldsymbol{Z}}(\lambda)^{-1} f^{\boldsymbol{YZ}}(\lambda)^* + f^{\boldsymbol{\varepsilon}}(\lambda) \tag{4.7}$$

が成立することもわかる．

4.2.2 多重コヒーレンシー

まず，1 変量弱定常時系列 $\{Y(t)\}$ と m 変量弱定常時系列 $\{\boldsymbol{Z}(t)\}$ の総合的な相関の指標として，**多重コヒーレンシー** (multiple coherency) がある．この多重コヒーレンシーは，スペクトル密度行列とクロススペクトル密度行列を用いて

$$w_{Y\boldsymbol{Z}}(\lambda) = \left\{ \frac{f^{Y\boldsymbol{Z}}(\lambda) f^{\boldsymbol{Z}}(\lambda)^{-1} f^{Y\boldsymbol{Z}}(\lambda)^*}{f^Y(\lambda)} \right\}^{\frac{1}{2}}$$

で定義される．もし，$m = 1$，つまり $\{Z(t)\}$ も 1 変量時系列ならば，$w_{YZ}(\lambda)$ は 2 変量弱定常時系列 $(Y(t), Z(t))^\top$ のコヒーレンシー $w_{12}(\lambda)$ と一致する．

ここで，多重コヒーレンシーがなぜ $\{Y(t)\}$ と $\{\boldsymbol{Z}(t)\}$ の総合的な相関

の指標として理解できるか確認しておこう．$\{Y(t)\}$ と $\{\boldsymbol{Z}(t)\}$ に対し，

$$\left\| Y(t) - \sum_{h=-\infty}^{\infty} \boldsymbol{g}(h)^\top \boldsymbol{Z}(t-h) \right\|^2$$

が最小となるような m 次元の係数ベクトル $\{\boldsymbol{g}(h)\}$ を求め，$\{\varepsilon(t)\}$ を

$$\varepsilon(t) = Y(t) - \sum_{h=-\infty}^{\infty} \boldsymbol{g}(h)^\top \boldsymbol{Z}(t-h)$$

で定義すれば，任意の h $(0, \pm 1, \pm 2, \ldots)$ に対し，$\{\varepsilon(t)\}$ と $\{\boldsymbol{Z}(t)\}$ は任意の j $(j = 1, 2, \ldots, m)$ について $\langle \varepsilon(t+h), Z_j(t) \rangle = 0$ を満たす．この $\{\boldsymbol{g}(h)\}$ と $\{\varepsilon(t)\}$ を用いて，

$$Y(t) = \sum_{h=-\infty}^{\infty} \boldsymbol{g}(h)^\top \boldsymbol{Z}(t-h) + \varepsilon(t)$$

と表せば，これは $\{Y(t)\}$ を被説明変数，$\{\boldsymbol{Z}(t)\}$ を説明変数，$\{\varepsilon(t)\}$ を誤差項とする一種の回帰モデルとして見ることができる．このように考えれば，$\{\varepsilon(t)\}$ の分散が相対的に小さければ小さいほど，$\{Y(t)\}$ と $\{\boldsymbol{Z}(t)\}$ の総合的な相関は高いと考えられる．$\{\varepsilon(t)\}$ も弱定常時系列になるので，前節と同じ議論で $f^{\boldsymbol{Z}}(\lambda)^{-1}$ が存在する限り式 (4.7) が成り立つことから，

$$f^\varepsilon(\lambda) = f^Y(\lambda) - f^{Y\boldsymbol{Z}}(\lambda) f^{\boldsymbol{Z}}(\lambda)^{-1} f^{Y\boldsymbol{Z}}(\lambda)^* \tag{4.8}$$

が成り立つ．すると，$\{\varepsilon(t)\}$ の分散 $\|\varepsilon(t)\|^2$ は，

$$\begin{aligned}
\|\varepsilon(t)\|^2 &= \int_{-\frac{1}{2}}^{\frac{1}{2}} f^\varepsilon(\lambda) d\lambda \\
&= \int_{-\frac{1}{2}}^{\frac{1}{2}} \left\{ f^Y(\lambda) - f^{Y\boldsymbol{Z}}(\lambda) f^{\boldsymbol{Z}}(\lambda)^{-1} f^{Y\boldsymbol{Z}}(\lambda)^* \right\} d\lambda \\
&= \int_{-\frac{1}{2}}^{\frac{1}{2}} \left\{ 1 - \frac{f^{Y\boldsymbol{Z}}(\lambda) f^{\boldsymbol{Z}}(\lambda)^{-1} f^{Y\boldsymbol{Z}}(\lambda)^*}{f^Y(\lambda)} \right\} f^Y(\lambda) d\lambda \\
&= \int_{-\frac{1}{2}}^{\frac{1}{2}} \left\{ 1 - w_{YZ}(\lambda)^2 \right\} f^Y(\lambda) d\lambda
\end{aligned}$$

と表される．この関係から，$w_{YZ}(\lambda)$ が大きければ $\|\varepsilon(t)\|^2$ が小さくなることは明らかで，多重コヒーレンシー $w_{YZ}(\lambda)$ が $\{Y(t)\}$ と $\{\boldsymbol{Z}(t)\}$ の総合的な相関の指標として用いられる理由がわかる．また，相関係数と同じように，$|w_{YZ}(\lambda)| \leq 1$ が成り立つことも，式 (4.8) に戻って，その両辺を $f^Y(\lambda)$ で割り，スペクトル密度行列が非負であることからわかる．

別の視点で見てみれば，

$$\frac{\|Y(t)\|^2 - \|\varepsilon(t)\|^2}{\|Y(t)\|^2} = \frac{\int_{-\frac{1}{2}}^{\frac{1}{2}} w_{YZ}(\lambda)^2 f^Y(\lambda) d\lambda}{\int_{-\frac{1}{2}}^{\frac{1}{2}} f^Y(\lambda) d\lambda}$$

が成り立っているので，$w_{YZ}(\lambda)$ は周波数ごとの線形関係の強さを表していると見ることもできる．考え方としては，重回帰における重相関と同じである．

$\{\boldsymbol{Y}(t)\}$ も $\{\boldsymbol{Z}(t)\}$ も多変量弱定常時系列の場合に2つの間の関係を調べるには，各要素の多重コヒーレンシー，つまり $\{Y_j(t)\}$ と $\{\boldsymbol{Z}(t)\}$ や $\{\boldsymbol{Y}(t)\}$ と $\{Z_k(t)\}$ の多重コヒーレンシーを考えるか，$w_{YZ}(\lambda)$ からの類推で

$$\left\{ \frac{\det\left(f^{\boldsymbol{YZ}}(\lambda) f^{\boldsymbol{Z}}(\lambda)^{-1} f^{\boldsymbol{YZ}}(\lambda)^*\right)}{\det(f^{\boldsymbol{Y}}(\lambda))} \right\}^{\frac{1}{2}}$$

を考えるとよい．ただし det は行列式を表す．

4.2.3 偏コヒーレンシー

前節で，$\{Y(t)\}$ と $\{\boldsymbol{Z}(t)\}$ の総合的な相関の指標として多重コヒーレンシーが有用であることがわかったが，場合によっては，$\{Y(t)\}$ と $\{\boldsymbol{Z}(t)\}$ との総合的な関連の強さではなく，$\{Y(t)\}$ と $\{\boldsymbol{Z}(t)\}$ の特定の要素 $\{Z_k(t)\}$ との**直接的な関連の強さ**を調べたいこともある．

まず $\{\boldsymbol{Z}(t)\}$ が2変量弱定常時系列の場合，$\{Y(t)\}$ と $\{Z_1(t)\}$ から $\{Z_2(t)\}$ の影響を除いた直接的なコヒーレンシー，**複素偏コヒーレンシー** (complex partial coherency)

4.2 時系列どうしの関係

$$c_{YZ_1 \cdot Z_2}(\lambda) = \frac{c_{YZ_1}(\lambda) - c_{YZ_2}(\lambda)c_{Z_2Z_1}(\lambda)}{\sqrt{1-|c_{Y_1Z_2}(\lambda)|^2}\sqrt{1-|c_{Z_2Z_1}(\lambda)|^2}}$$

がある.ただし,$c_{YZ_1}(\lambda)$ は $\{Y(t)\}$ と $\{Z_1(t)\}$ の複素コヒーレンシー,ほかも同様である.

以下では,$c_{YZ_1 \cdot Z_2}(\lambda)$ がどのようにして導出されるのかを説明しておこう.第1章での偏共分散の求め方と同じように,$\{Y(t)\}$ と $\{Z_1(t)\}$ に対し,それぞれ

$$\left\| Y(t) - \sum_{h=-\infty}^{\infty} g^{(1)}(h)Z_2(t-h) \right\|^2, \quad \left\| Z_1(t) - \sum_{h=-\infty}^{\infty} g^{(2)}(h)Z_2(t-h) \right\|^2$$

が最小となるような $\{g^{(1)}(h)\}$ と $\{g^{(2)}(h)\}$ を求め,$\{\varepsilon(t)\}$ と $\{e(t)\}$ を

$$\varepsilon(t) = Y(t) - \sum_{h=-\infty}^{\infty} g^{(1)}(h)Z_2(t-h) \tag{4.9}$$

$$e(t) = Z_1(t) - \sum_{h=-\infty}^{\infty} g^{(2)}(h)Z_2(t-h) \tag{4.10}$$

と定義する.このようにして得られた $\{\varepsilon(t)\}$ と $\{e(t)\}$ のクロス共分散関数 $\gamma^{\varepsilon e}(h)$ は,$\{Y(t)\}$ と $\{Z_1(t)\}$ から $\{Z_2(t)\}$ の影響を除いた直接的な相関を表す**偏クロス共分散関数** (partial cross covariance function) である.

式 (4.9) の両辺のスペクトル表現を考えれば

$$\int_{-\frac{1}{2}}^{\frac{1}{2}} e^{2\pi it\lambda} dW^{(\varepsilon)}(\lambda)$$
$$= \int_{-\frac{1}{2}}^{\frac{1}{2}} e^{2\pi it\lambda} dW^{(Y)}(\lambda) - \sum_{h=-\infty}^{\infty} g^{(1)}(h) \int_{-\frac{1}{2}}^{\frac{1}{2}} e^{2\pi i(t-h)\lambda} dW^{(Z_2)}(\lambda)$$

となり,$G^{(1)}(\lambda) = \sum_{h=-\infty}^{\infty} g^{(1)}(h)e^{-2\pi i\lambda h}$ とおけば

$$dW^{(\varepsilon)}(\lambda) = dW^{(Y)}(\lambda) - G^{(1)}(\lambda) dW^{(Z_2)}(\lambda)$$

を得る.同様に式 (4.10) についても,$G^{(2)}(\lambda) = \sum_{h=-\infty}^{\infty} g^{(2)}(h)e^{-2\pi i\lambda h}$ とおけば

$$dW^{(e)}(\lambda) = dW^{(Z_1)}(\lambda) - G^{(2)}(\lambda)dW^{(Z_2)}(\lambda)$$

が得られる．これらから，$\gamma^{\varepsilon e}(h)$ に対応する**偏クロススペクトル密度関数** (partial cross-spectral denisty function)$f^{\varepsilon e}(\lambda)$ が次のように求まる．

$$\begin{aligned}f^{\varepsilon e}(\lambda)d\lambda &= \left\langle dW^{(\varepsilon)}(\lambda), dW^{(e)}(\lambda) \right\rangle \\ &= \Big\{ f^{YZ_1}(\lambda) - G^{(1)}(\lambda)f^{Z_2 Z_1}(\lambda) \\ &\quad - \overline{G^{(2)}(\lambda)}f^{YZ_2}(\lambda) + G^{(1)}(\lambda)\overline{G^{(2)}(\lambda)}f^{Z_2}(\lambda) \Big\} d\lambda\end{aligned}$$

より，

$$\begin{aligned}f^{\varepsilon e}(\lambda) &= f^{YZ_1}(\lambda) - G^{(1)}(\lambda)f^{Z_2 Z_1}(\lambda) \\ &\quad - \overline{G^{(2)}(\lambda)}f^{YZ_2}(\lambda) + G^{(1)}(\lambda)\overline{G^{(2)}(\lambda)}f^{Z_2}(\lambda)\end{aligned}$$

となり，さらに多重コヒーレンシーでの議論と同様に，$f^{\varepsilon Z_2}(\lambda) = 0$，$f^{e Z_2}(\lambda) = 0$ であることから，

$$f^{\varepsilon Z_2}(\lambda) = f^{YZ_2}(\lambda) - G^{(1)}(\lambda)f^{Z_2}(\lambda) = 0$$
$$f^{e Z_2}(\lambda) = f^{Z_1 Z_2}(\lambda) - G^{(2)}(\lambda)f^{Z_2}(\lambda) = 0$$

に注意すれば，最終的に

$$f^{\varepsilon e}(\lambda) = f^{YZ_1}(\lambda) - \frac{f^{YZ_2}(\lambda)f^{Z_2 Z_1}(\lambda)}{f^{Z_2}(\lambda)}$$

が得られる．この $f^{\varepsilon e}(\lambda)$ を $f_{YZ_1 \cdot Z_2}(\lambda)$ と表記し偏クロススペクトルと呼ぶ．これから複素偏コヒーレンシーは

$$f^{\varepsilon}(\lambda) = f^{Y}(\lambda) - \frac{\left|f^{YZ_2}(\lambda)\right|^2}{f^{Z_2}(\lambda)}, \quad f^{e}(\lambda) = f^{Z_1}(\lambda) - \frac{\left|f^{Z_2 Z_1}(\lambda)\right|^2}{f^{Z_2}(\lambda)}$$

に注意して，

4.2 時系列どうしの関係

$$\frac{f^{\varepsilon e}(\lambda)}{\sqrt{f^{\varepsilon}(\lambda)}\sqrt{f^{e}(\lambda)}}$$
$$= \frac{f^{YZ_1}(\lambda)f^{Z_2}(\lambda) - f^{YZ_2}(\lambda)f^{Z_2Z_1}(\lambda)}{\sqrt{f^{Y}(\lambda)f^{Z_2}(\lambda) - |f^{YZ_2}(\lambda)|^2}\sqrt{f^{Z_1}(\lambda)f^{Z_2}(\lambda) - |f^{Z_2Z_1}(\lambda)|^2}}$$
$$= \frac{c_{YZ_1}(\lambda) - c_{YZ_2}(\lambda)c_{Z_2Z_1}(\lambda)}{\sqrt{1 - |c_{YZ_2}(\lambda)|^2}\sqrt{1 - |c_{Z_2Z_1}(\lambda)|^2}}$$
$$= c_{YZ_1 \cdot Z_2}(\lambda)$$

のように導かれる．**偏コヒーレンシー** (partial coherency) は $w_{YZ_1 \cdot Z_2}(\lambda) = |c_{YZ_1 \cdot Z_2}(\lambda)|$, **偏フェーズ** (partial phase) は $p_{YZ_1 \cdot Z_2}(\lambda) = \arg(c_{YZ_1 \cdot Z_2}(\lambda)) = \arg(f^{\varepsilon e}(\lambda))$ である．

さらに，$\{\boldsymbol{Y}(t)\}$ が多変量で $\{\boldsymbol{Z}(t)\}$ が 2 変量でなく一般的な m 変量のとき，$\{\boldsymbol{Y}(t)\}$ の j 番目の変量 $\{Y_j(t)\}$ と $\{\boldsymbol{Z}(t)\}$ の k 番目の変量 $\{Z_k(t)\}$ についても，$\{\boldsymbol{Z}^{(-k)}(t)\}$ を $\{\boldsymbol{Z}(t)\}$ から $\{Z_k(t)\}$ を除いた時系列として，上の議論と同じように

$$\left\| Y_j(t) - \sum_{h=-\infty}^{\infty} \boldsymbol{g}^{(1)}(h)^{\top} \boldsymbol{Z}^{(-k)}(t-h) \right\|^2,$$
$$\left\| Z_k(t) - \sum_{h=-\infty}^{\infty} \boldsymbol{g}^{(2)}(h)^{\top} \boldsymbol{Z}^{(-k)}(t-h) \right\|^2$$

が最小となるような $m-1$ 次元の係数ベクトル $\{\boldsymbol{g}^{(1)}(h)\}$ と $\{\boldsymbol{g}^{(2)}(h)\}$ を用いて，$\{\varepsilon(t)\}$ と $\{e(t)\}$ を

$$\varepsilon(t) = Y_j(t) - \sum_{h=-\infty}^{\infty} \boldsymbol{g}^{(1)}(h)^{\top} \boldsymbol{Z}^{(-k)}(t-h)$$
$$e(t) = Z_k(t) - \sum_{h=-\infty}^{\infty} \boldsymbol{g}^{(2)}(h)^{\top} \boldsymbol{Z}^{(-k)}(t-h)$$

と定義することで，偏コヒーレンシーなどを同様に導くことができる．

4.3 多変量 AR モデルと多変量 ARMA モデル

本節では,第 3 章で紹介した ARMA モデルの多変量への拡張である,多変量 ARMA モデルを紹介する.多変量 AR モデルは,多変量 ARMA モデルの特殊なケースにあたるので,ここでは多変量 ARMA モデルの定義から出発する.以降では,$\{\boldsymbol{Z}(t)\}$ が実数値しかとらない場合に限る.

多変量 ARMA モデル (Vector ARMA, VARMA, multivariate ARMA, MARMA) は次のように定義される.多変量時系列 $\{\boldsymbol{Z}(t)\}$ が方程式

$$\Phi(B)\boldsymbol{Z}(t) = \Theta(B)\boldsymbol{\varepsilon}(t) \tag{4.11}$$

を満たし,さらに以下の条件

(1) $\{\boldsymbol{\varepsilon}(t)\}$ は正則な分散共分散行列 Σ をもつ**ホワイトノイズ**,

$$\mathrm{E}\left(\boldsymbol{\varepsilon}(t+h)\boldsymbol{\varepsilon}(t)^\top\right) = \begin{cases} \Sigma, & h = 0 \\ O, & h \neq 0 \end{cases}$$

(2) $|z| \leq 1$ において $\det(\Phi(z)) \neq 0$

を満たすとき,$\{\boldsymbol{Z}(t)\}$ は多変量 $\mathrm{ARMA}(p, q)$ モデルに従うという.なお det は行列式を表し,$\Phi(z)$,$\Theta(z)$ はそれぞれ

$$\Phi(z) = \left(\phi_{jk}(z); 1 \leq j, k \leq m\right), \quad \phi_{jk}(z) = \sum_{l=0}^{p_{jk}} \phi_{jkl} z^l$$

$$\Theta(z) = \left(\theta_{jk}(z); 1 \leq j, k \leq m\right), \quad \theta_{jk}(z) = \sum_{l=0}^{q_{jk}} \theta_{jkl} z^l$$

のような**多項式行列** (polynomial matrix),$\phi_{jk}(z)$,$\theta_{jk}(z)$ はそれぞれ p_{jk} 次,q_{jk} 次の伝達関数,p, q はそれぞれ p_{jk} $(1 \leq j, k \leq m)$ と q_{jk} $(1 \leq j, k \leq m)$ の最大次数である.

上の (2) の条件は,1 変量のときと同じように,$\{\boldsymbol{\varepsilon}(t)\}$ が $\{\boldsymbol{Z}(t)\}$ のイノベーションであり,$\{\boldsymbol{Z}(t)\}$ が弱定常過程であるための条件である.このほか,$\{\boldsymbol{Z}(t)\}$ が $\mathrm{AR}(\infty)$ 表現をもつための条件

$$\det(\Theta(z)) \neq 0 \quad \text{on} \quad |z| \leq 1 \tag{4.12}$$

を課すこともある．

なお，スケールを一意に定めるため，単位行列 I を用いて

$$\Phi_0 = \left(\phi_{jk0}; 1 \leq j, k \leq m\right) = \mathrm{I}, \quad \Theta_0 = \left(\theta_{jk0}; 1 \leq j, k \leq m\right) = \mathrm{I}$$

とすることが多い．

ARMA モデルのスペクトル密度行列は次のようにして求まる．まず式 (4.11) の両辺のスペクトル表現を求めれば，

$$\Phi\left(\mathrm{e}^{-2\pi i\lambda}\right) f^{\boldsymbol{Z}}(\lambda) \Phi\left(\mathrm{e}^{-2\pi i\lambda}\right)^\top = \Theta\left(\mathrm{e}^{-2\pi i\lambda}\right) f^{\boldsymbol{\varepsilon}}(\lambda) \Theta\left(\mathrm{e}^{-2\pi i\lambda}\right)^\top$$

が成り立つことがわかる．ここで，ARMA モデルの条件 (2) から $\Phi\left(\mathrm{e}^{-2\pi i\lambda}\right)$ は任意の λ について逆行列をもち，$f^{\boldsymbol{\varepsilon}}(\lambda) = \Sigma$ であることに注意すれば，スペクトル密度行列

$$f^{\boldsymbol{Z}}(\lambda) = \Phi\left(\mathrm{e}^{-2\pi i\lambda}\right)^{-1} \Theta\left(\mathrm{e}^{-2\pi i\lambda}\right) \Sigma \, \Theta\left(\mathrm{e}^{-2\pi i\lambda}\right)^\top \left\{\Phi\left(\mathrm{e}^{-2\pi i\lambda}\right)^\top\right\}^{-1}$$

が得られる．

多変量 AR モデル (Vector AR, VAR, multivariate AR, MAR) は，多変量 ARMA モデルで $\Theta(z) = \mathrm{I}$ としたモデルである．モデルとしての意味の明快さ，予測量の単純さ，推定の容易さ，安定性などさまざまな利点があり，広く用いられることが多い．まず多変量 AR モデルの例を 2 つほど紹介しておこう．

【例】需要と供給

$Z_1(t)$ がある商品の需要，$Z_2(t)$ がその商品の価格を表すものとしよう．**価格が上がれば，すぐ需要は減る**と仮定すれば，$\alpha > 0$ として

$$Z_1(t) = -\alpha Z_2(t) + \varepsilon_1(t) \tag{4.13}$$

というモデルが考えられ，一方，**商品の数に限りがあるため，需要が増えれば，少し遅れて価格は上がる**と仮定すれば，$\beta > 0$ として

$$Z_2(t) = \beta Z_1(t-1) + \varepsilon_2(t) \tag{4.14}$$

というモデルが考えられる（もし商品が十分にあり，**多く売れれば，価格を下げられる**ならば，$\beta < 0$ となる）．

ここで，

$$\boldsymbol{Z}(t) = (Z_1(t), Z_2(t))^\top, \quad \boldsymbol{\varepsilon}(t) = (\varepsilon_1(t), \varepsilon_2(t))^\top$$

とおけば，式 (4.13) と (4.14) を併せたモデルは行列方程式

$$\boldsymbol{Z}(t) = \begin{pmatrix} 0 & -\alpha \\ 0 & 0 \end{pmatrix} \boldsymbol{Z}(t) + \begin{pmatrix} 0 & 0 \\ \beta & 0 \end{pmatrix} \boldsymbol{Z}(t-1) + \boldsymbol{\varepsilon}(t)$$

で表せ，

$$\Phi_0 = \begin{pmatrix} 1 & \alpha \\ 0 & 1 \end{pmatrix}, \quad \Phi_1 = \begin{pmatrix} 0 & 0 \\ -\beta & 0 \end{pmatrix}$$

を用いれば，

$$\Phi_0 \boldsymbol{Z}(t) + \Phi_1 \boldsymbol{Z}(t-1) = \boldsymbol{\varepsilon}(t)$$

となる．さらに Φ_0 は常に逆行列をもつので，

$$\boldsymbol{Z}(t) + \Phi_0^{-1} \Phi_1 \boldsymbol{Z}(t-1) = \Phi_0^{-1} \boldsymbol{\varepsilon}(t)$$

と表すこともできる．したがって，$\Phi_0^{-1} \boldsymbol{\varepsilon}(t)$ が多変量 ARMA の条件 (1) を満たし，さらに α, β が $|\alpha\beta| < 1$ を満たせば，$\{\boldsymbol{Z}(t)\}$ は多変量 AR モデルとなる．実際 $|\alpha\beta| < 1$ のとき，

$$\det(\mathrm{I} + \Phi_0^{-1} \Phi_1) = \det(\Phi_0 + \Phi_1) = 1 + \alpha\beta z$$

であり，条件 (2) を満たしている．

4.3 多変量 AR モデルと多変量 ARMA モデル

【例】金利の多変量時系列

さまざまな金利の動きを同時に解析するには，多変量時系列として扱う必要がある．柴田・三浦論文 [38] では，7 種類の金利（3 カ月，6 カ月，1 年のユーロ円金利，3, 5, 7, 10 年の LIBOR スワップレート）をまとめて 7 変量時系列として解析している．まず，7 変量時系列それぞれを局所回帰によって，「長期トレンド」，「短期トレンド」，「イレギュラー」の 3 つに分解している．たとえば，図 4.1 は 3 カ月ユーロ円金利時系列を分解した結果である．このように分解すれば，2 種類のトレンドを除いた「イレギュラー」の時系列 $\{I_j(t)\}$ $(j=1,2,\ldots,7)$ は弱定常性を満たしていると考えられるので，それらを 7 変量時系列 $\boldsymbol{I}(t) = (I_1(t), I_2(t), \ldots, I_7(t))^\top$ にまとめ，次数 2 の多変量 AR モデル

$$\boldsymbol{I}(t) = A\boldsymbol{I}(t-1) + B\boldsymbol{I}(t-2) + \boldsymbol{\varepsilon}(t)$$

をあてはめている．このことで金利取引のダイナミズムを明らかに

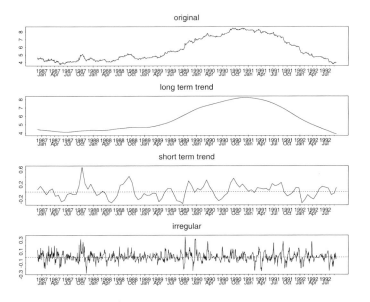

図 4.1 3 カ月ユーロ円金利時系列の分解

することに成功している.

4.4 状態空間モデル

　ここでは，前節で紹介した多変量 AR モデルや ARMA モデルを含む，より一般的なモデルである状態空間モデルについて紹介する．このモデルは，ただ一般化したモデルというだけでなく，パラメータの推定などが容易になるという利点をもっている．たとえば，前節で紹介した多変量 ARMA のようなモデルに対しては，非線形最小化アルゴリズムが満足に動かなくなり，パラメータの推定などが困難になるが，ここで扱う状態空間モデルの枠組みにもとづいた方法を用いることで，推定や推測が容易になる．

　ここでは，**推移方程式** (transition equation)

$$\boldsymbol{X}(t+1) = F\boldsymbol{X}(t) + G\boldsymbol{v}(t) \tag{4.15}$$

と**観測方程式** (observation equation)

$$\boldsymbol{Z}(t) = H\boldsymbol{X}(t) + \boldsymbol{w}(t) \tag{4.16}$$

からなる簡単な**状態空間モデル** (state space model) を考える．なお，$\boldsymbol{X}(t)$ は**状態ベクトル** (state vector) と呼ばれる適当な次元のベクトルで，F, G, H は係数行列，時系列 $\{\boldsymbol{Z}(t)\}$ のとる値は実数値とする．

　このモデルの理解としては，まず，観測方程式 (4.16) であるが，直接観測できない状態ベクトル $\boldsymbol{X}(t)$ がある行列 H で線形変換された上で誤差 $\boldsymbol{w}(t)$ が加わり $\boldsymbol{Z}(t)$ として観測されているとしている．さらに，推移方程式 (4.15) が，$\boldsymbol{X}(t)$ の次の時点での状態ベクトルの値が，行列 F で線形変換した上で $G\boldsymbol{v}(t)$ を加えた形で定まるとしている．

　なお，推移方程式 (4.15) を

$$\boldsymbol{X}(t) = F\boldsymbol{X}(t-1) + G\boldsymbol{v}(t) \tag{4.17}$$

としている例もある [19] が，ここでの $\boldsymbol{v}(t)$ を $\boldsymbol{v}(t-1)$ で置き換えるだけ

4.4 状態空間モデル

ですみ，以下の話はほとんど影響を受けない．状態空間モデルの，より具体的なイメージを得るため，1つ簡単な例を見てみよう．

【例】 1 変量時系列 $\{Z(t)\}$ が，別の 1 変量時系列 $\{X(t)\}$ に誤差 $\{W(t)\}$ が加わった

$$Z(t) = X(t) + W(t)$$

という形で観測されているとする．$\{X(t)\}$ は直接観測できないが，次数 2 の AR モデル

$$X(t) = \alpha_1 X(t-1) + \alpha_2 X(t-2) + V(t)$$

に従って変化しているとする．すると，この AR モデルは，

$$\begin{pmatrix} X(t+1) \\ X(t) \end{pmatrix} = \begin{pmatrix} \alpha_1 & \alpha_2 \\ 1 & 0 \end{pmatrix} \begin{pmatrix} X(t) \\ X(t-1) \end{pmatrix} + \begin{pmatrix} 1 & 0 \\ 0 & 0 \end{pmatrix} \begin{pmatrix} V(t+1) \\ V(t) \end{pmatrix} \quad (4.18)$$

と書くこともでき，さらに $\{Z(t)\}$ に関しても，

$$Z(t) = (1, 0) \begin{pmatrix} X(t) \\ X(t-1) \end{pmatrix} + W(t) \quad (4.19)$$

と書ける．ここで，状態ベクトルを $\boldsymbol{X}(t) = (X(t), X(t-1))^\top$ とおき，$\boldsymbol{v}(t) = (V(t+1), V(t))^\top$,

$$F = \begin{pmatrix} \alpha_1 & \alpha_2 \\ 1 & 0 \end{pmatrix}, \quad G = \begin{pmatrix} 1 & 0 \\ 0 & 0 \end{pmatrix}, \quad H = (1, 0)$$

とおけば，式 (4.18) と (4.19) がそれぞれ状態空間モデルの推移方程式 (4.15) と観測方程式 (4.16) となる．

状態ベクトル系列 $\{X(t)\}$ の弱定常性

推移方程式 (4.15) を満たす $\{X(t)\}$ は，一般的には弱定常とは限らないが，$\{v(t)\}$ が期待値 $\mathbf{0}$ で，

$$\mathrm{E}\left(v(t+h)v(t)^\top\right) = \begin{cases} \Sigma, & h = 0 \\ \mathrm{O}, & h \neq 0 \end{cases}$$

の直交時系列，F の固有値が絶対値ですべて 1 より小で，$\|X(t)\|^2$ が有界ならば，$\{X(t)\}$ が弱定常過程となることは以下のように確認できる．

まず，式 (4.15) を繰り返し用いることにより，$\{X(t)\}$ は

$$X(t) = F^j X(t-j) + \sum_{k=0}^{j-1} F^k G v(t-1-k), \quad j = 1, 2, \dots. \tag{4.20}$$

と表現できる．$\|X(t-j)\|^2$ が有界であることから，[14] の p.298 の Theorem 5.6.12 を用いれば

$$\lim_{j \to \infty} F^j X(t-j) = 0$$

と F の固有値が絶対値ですべて 1 より小であることが同値であることがわかるので，

$$X(t) = \sum_{k=0}^{\infty} F^k G v(t-1-k)$$

が得られる．この表現と $\{v(t)\}$ に関する仮定から，$\mathrm{E}(X(t+h)X(t)^\top)$ が時間差 h にしか依存しないことも確認でき，$\{X(t)\}$ が弱定常過程となることがわかる．

4.4.1 状態ベクトルの推定と予測

以下の仮定のもとで，ある時点 t_1 までの観測値 $Z(t_1), Z(t_1-1), \dots, Z(1)$ が与えられたときの，時点 t_2 での状態ベクトル $X(t_2)$ の推定を考える．

- (S1) 係数行列 F, G, H は時間 t に依存しない．
- (S2) 時系列 $\{v(t)\}$ と $\{w(t)\}$ は互いに直交するホワイトノイズで，それぞれ分散共分散行列 Q, R をもつ．
- (S3) $v(t) \perp X(1), t = 1, 2, \dots$．
- (S4) $w(t) \perp X(1), t = 1, 2, \dots$．

ここでは，特に弱定常性は仮定しないが**正規性を仮定する**．つまり $\{v(t)\}$ と $\{w(t)\}$ は独立な正規直交時系列であるとする．また，状態空間モデルのパラメータ F, G, H, R, Q はすべて既知とする（パラメータ推定につい

ては次節で扱う). なお, (S1) が満たされなかったり, (S2) の $\{\boldsymbol{v}(t)\}$ と $\{\boldsymbol{w}(t)\}$ の直交性が満たされない場合にも拡張できるが [7]. ここでは簡単のため仮定しておくことにする. 記号として

$$\boldsymbol{X}(t_2|t_1) = \mathrm{E}(\boldsymbol{X}(t_2) \mid \boldsymbol{Z}(t_1), \boldsymbol{Z}(t_1-1), \ldots, \boldsymbol{Z}(1))$$
$$V(t_2|t_1) = \mathrm{Var}(\boldsymbol{X}(t_2) \mid \boldsymbol{Z}(t_1), \boldsymbol{Z}(t_1-1), \ldots, \boldsymbol{Z}(1))$$

を導入すれば, $\boldsymbol{X}(t_2)$ の $\boldsymbol{Z}(t_1), \boldsymbol{Z}(t_1-1), \ldots, \boldsymbol{Z}(1)$ での条件付き分布は, 正規性の仮定のもとで期待値 $\boldsymbol{X}(t_2|t_1)$, 分散共分散行列 $V(t_2|t_1)$ の正規分布として定まるので, これらさえ推定できればよい.

一般的に, 多変量正規分布に従う $(\boldsymbol{X}^\top, \boldsymbol{Y}^\top)^\top$ に対しては, 条件付き分散共分散行列が

$$\mathrm{Var}(\boldsymbol{X}|\boldsymbol{Y}) = \mathrm{Var}(\boldsymbol{X}) - \mathrm{Cov}(\boldsymbol{X}, \boldsymbol{Y})\mathrm{Var}(\boldsymbol{Y})^{-1}\mathrm{Cov}(\boldsymbol{Y}, \boldsymbol{X})$$

のように条件 $\boldsymbol{Y}$ の値に依存しなくなる特殊事情がある. したがって, 条件付き分散共分散行列は

$$\mathrm{Var}(\boldsymbol{X}|\boldsymbol{Y}) = \mathrm{E}\left(\{\boldsymbol{X} - E(\boldsymbol{X}|\boldsymbol{Y})\}\{\boldsymbol{X} - E(\boldsymbol{X}|\boldsymbol{Y})\}^\top \mid \boldsymbol{Y}\right)$$
$$= \mathrm{E}\left(\{\boldsymbol{X} - E(\boldsymbol{X}|\boldsymbol{Y})\}\{\boldsymbol{X} - E(\boldsymbol{X}|\boldsymbol{Y})\}^\top\right)$$

のように, 条件付き期待値を中心とする**無条件**の分散共分散行列でしかなくなる. したがって, 今の場合

$$V(t_2|t_1) = \mathrm{E}\left(\{\boldsymbol{X}(t_2) - \boldsymbol{X}(t_1|t_2)\}\{\boldsymbol{X}(t_2) - \boldsymbol{X}(t_2|t_1)\}^\top\right)$$

となる. また, 正規性の仮定のもとでは直交性と独立性が同等であることや, 条件付き期待値が条件の値の線形結合で表せることなども暗黙のうちに用いられる. さらには, 正規性の仮定とは無関係に成り立つ

$\boldsymbol{X}(t_2|t_1)$
$= \mathrm{E}\left(\mathrm{E}(\boldsymbol{X}(t_2)|\boldsymbol{X}(t_1),...,\boldsymbol{X}(1),\boldsymbol{w}(t_1),...,\boldsymbol{w}(1))|\boldsymbol{Z}(t_1),...,\boldsymbol{Z}(1)\right)$

のような条件付き期待値の性質もしばしば用いられる.

問題 19 $v(t) \perp X(s), Z(s), \ s \leq t = 1, 2, \ldots$ を確かめなさい.

問題 20 $w(t) \perp X(s), \ s \leq t = 1, 2, \ldots$ と $w(t) \perp Z(s), \ s < t = 1, 2, \ldots$ を確かめなさい.

　状態ベクトルの推定にあたっては，t_1 と t_2 の関係によって，1期先予測，フィルター，スムージングの3パターンがある．本節では，それぞれ結果のみを紹介するが，その導出については，たとえば [18, 27] などを参考にされたい．状態空間モデルは，その表現をうまく利用することによって，状態ベクトルの予測や推定，パラメータの推定が逐次的な計算で効率よく行えることがおわかりになるであろう [2].

● **1 期先予測**

　1 期先予測 (one step ahead prediction) は，$t_2 = t+1$, $t_1 = t$, つまり $Z(t), Z(t-1), \ldots, Z(1)$ が観測されたとき，1期先の状態ベクトル $X(t+1)$ の値の予測である．具体的には $X(t+1|t)$ と $V(t+1|t)$ を求めることになる．あらかじめ次の**フィルター**で求められた $X(t|t)$ にもとづいて，$X(t+1|t)$ が

$$X(t+1|t) = F X(t|t) \tag{4.21}$$

で求まり，同じように $V(t+1|t)$ は，

$$V(t+1|t) = F V(t|t) F^\top + G Q G^\top \tag{4.22}$$

で求まる．

問題 21 式 (4.21) と (4.22) を確かめなさい．

● **フィルタリング**

　フィルタリング (filtering) は，$t_2 = t_1 = t$, つまり，観測 $Z(t), Z(t-1), \ldots$ にもとづいて，t 時点での状態ベクトル $X(t)$ の値の推定をすることである．$X(t)$ は観測されていないためこのような推定が必要となる．すでに定まっているはずの値を対象とするため予測ではなくフィルタリ

ングと呼ばれる．この場合の目標は，$\boldsymbol{X}(t|t)$ と $V(t|t)$ を求めることになる．

ここでは，**カルマンフィルター** (Kalman filter) を紹介しよう．これは，**カルマンゲイン** (Kalman gain) と呼ばれる行列

$$K_t = V(t|t-1)\,H^\top\left\{HV(t|t-1)H^\top + R\right\}^{-1} \qquad (4.23)$$

を用いて

$$\boldsymbol{X}(t|t) = \boldsymbol{X}(t|t-1) + K_t\left\{\boldsymbol{Z}(t) - H\boldsymbol{X}(t|t-1)\right\} \qquad (4.24)$$

$$V(t|t) = (\mathrm{I} - K_t H)\,V(t|t-1) \qquad (4.25)$$

という2つの式で，$\boldsymbol{X}(t|t)$ と $V(t|t)$ を求めるアルゴリズムである．このアルゴリズムは，1つ前の $t-1$ 時点での1期先予測で求められた $\boldsymbol{X}(t|t-1)$ と $V(t|t-1)$ を利用して $\boldsymbol{X}(t|t)$ や $V(t|t)$ を効率的に更新する．その際，t 時点での新たな観測値 $\boldsymbol{Z}(t)$ だけが用いられる．

問題 22 式 (4.24) と (4.25) を確かめなさい．

したがって，時間の進行とともに1期先予測と新たに得られた観測値にもとづくフィルタリングを交互に行うことで，状態ベクトルの予測を効率的に行うことができる．実際の計算に当たっては初期値 $\boldsymbol{X}(0|0)$ や $V(0|0)$ が必要となるが，いずれもゼロに設定するのが簡単である．

ただ，この効率化は正規性をフルに利用して得られたものであるだけでなく，その時点までの観測値にもとづく状態ベクトルの予測や推定であって，その後の新しい観測値のもつ情報は過去のフィルタリングに一向に反映されない．過去の状態ベクトルがどう推移したか，より正確に知りたいときには適当な時点で次のようなスムージングで，その時点までの観測値をフルに利用してアップデートするとよい．

● スムージング

　スムージング (smoothing) は，$t_2 = t < t_1 = N$ の場合で，$\boldsymbol{Z}(N)$, $\boldsymbol{Z}(N-1), \ldots, \boldsymbol{Z}(1)$ まで観測されたとき，N より前の時点での状態ベク

トル $\boldsymbol{X}(t)$ の推定をし直すアルゴリズムである．そのためのアルゴリズムを**スムーザー** (smoother) と呼ぶ．より多くの観測値にもとづいて推定し直すので値の推移がより滑らかになることからこのように呼ばれる．特に初期値の影響が大きい初期時点での推定が大幅に改良されることが多い．この場合の目標は，$\boldsymbol{X}(t|N)$ と $V(t|N)$ を求めることである．

ここでは，**固定区間スムーザー** (fixed-interval smoother) を紹介する．N 時点に達するまでにすでに求められている，1 期先予測 $\boldsymbol{X}(t+1|t)$，フィルタリングの結果 $\boldsymbol{X}(t|t)$ を利用して，$\boldsymbol{X}(N|N)$ から $\boldsymbol{X}(N-1|N)$，$\boldsymbol{X}(N-1|N)$ から $\boldsymbol{X}(N-2|N)$，というように順次時間を遡りながら推定し直すアルゴリズムである．具体的には，$t = N-1, N-2, \ldots$ の順に

$$\boldsymbol{X}(t|N) = \boldsymbol{X}(t|t) + A(t)\left\{\boldsymbol{X}(t+1|N) - \boldsymbol{X}(t+1|t)\right\} \tag{4.26}$$

$$V(t|N) = V(t|t) + A(t)\{V(t+1|N) - V(t+1|t)\}A(t)^\top \tag{4.27}$$

で状態ベクトルと分散を推定し直す．もちろん必要な時点まで戻った時点で中止する．ただし，$A(t) = V(t|t)F^\top V(t+1|t)^{-1}$ である．

問題 23 式 (4.26) と (4.27) を確かめなさい．

4.4.2 パラメータの推定

状態空間モデルを実際に用いるには，未知パラメータ F, G, H, Q, R などの値が必要となる．ここでは，未知パラメータを θ で表し，最尤法によって推定する方法を簡単に紹介する．

今，時系列 $\{\boldsymbol{Z}(t)\}$ について n 時点の観測値 $\boldsymbol{z}(1), \boldsymbol{z}(2), \ldots, \boldsymbol{z}(n)$ が利用できるとする．$f(\boldsymbol{z}(1), \boldsymbol{z}(2), \ldots, \boldsymbol{z}(n), \theta)$ を $\boldsymbol{z}(1), \boldsymbol{z}(2), \ldots, \boldsymbol{z}(n)$ の同時密度関数とすれば，尤度は

$$l(\theta) = f(\boldsymbol{z}(1), \boldsymbol{z}(2), \ldots, \boldsymbol{z}(n), \theta)$$

である．これを最大とするパラメータ θ を求める推定方法が最尤法である．同時密度関数が，$f(z_1, z_2) = f_1(z_1|z_2)f_2(z_2)$ のように分解できることに注意すれば，最終的に

4.4 状態空間モデル

$$l(\theta) = \prod_{t=1}^{n} f_t(\boldsymbol{z}(t)|\boldsymbol{z}(t-1), \boldsymbol{z}(t-2), \ldots, \boldsymbol{z}(1), \theta)$$

のように，$\boldsymbol{z}(t)$ の条件付き確率密度関数 $f_t(\boldsymbol{z}(t)|\boldsymbol{z}(t-1), \boldsymbol{z}(t-2), \ldots, \boldsymbol{z}(1), \theta)$ を用いて書き下せる．ただし $t=1$ に対しては，無条件の確率密度 $f_1(\boldsymbol{z}(1))$ とする．

前節と同じ仮定のもとで，$f_t(\boldsymbol{z}(t)|\boldsymbol{z}(t-1), \boldsymbol{z}(t-2), \ldots, \boldsymbol{z}(1), \theta)$ は，期待値，分散が

$$\mathrm{E}(\boldsymbol{Z}(t) \mid \boldsymbol{Z}(t-1), \boldsymbol{Z}(t-2), \ldots, \boldsymbol{Z}(1))$$

$$\mathrm{Var}(\boldsymbol{Z}(t) \mid \boldsymbol{Z}(t-1), \boldsymbol{Z}(t-2), \ldots, \boldsymbol{Z}(1))$$

の正規分布の確率密度関数であるので，これらさえ求まればよい．期待値は，

$$\mathrm{E}(\boldsymbol{Z}(t) \mid \boldsymbol{Z}(t-1), \boldsymbol{Z}(t-2), \ldots, \boldsymbol{Z}(1))$$
$$= \mathrm{E}(H\boldsymbol{X}(t) + \boldsymbol{w}(t) \mid \boldsymbol{Z}(t-1), \boldsymbol{Z}(t-2), \ldots, \boldsymbol{Z}(1)) = H\boldsymbol{X}(t|t-1),$$

分散は

$$\mathrm{Var}(\boldsymbol{Z}(t) \mid \boldsymbol{Z}(t-1), \boldsymbol{Z}(t-2), \ldots, \boldsymbol{Z}(1)) = HV(t|t-1)H^\top + R$$

と書き換えられるので，これらの値は前節で紹介した1期先予測やフィルターを用いて求めることができる．

よって，未知なパラメータ θ を推定するために必要な尤度は，$\boldsymbol{\xi}(t) = \boldsymbol{z}(t) - H\boldsymbol{X}(t|t-1),\ t = 1, 2, \ldots, n$ を定義して

$$l(\theta) = \prod_{t=1}^{n} \frac{1}{\sqrt{2\pi}} |\Sigma_t|^{-\frac{1}{2}} \exp\left(-\frac{1}{2}\boldsymbol{\xi}(t)^\top \Sigma_t^{-1} \boldsymbol{\xi}(t)\right)$$

で求まる．ただし，

$$\Sigma_t = HV(t|t-1)H^\top + R$$

である．

具体的に最尤推定量を得るためには，$l(\theta)$ あるいは $\log l(\theta)$ の最大化問題を解く必要がある．ただし，解析的にきれいな形で解くことはできないので，1期先予測やフィルターを活用した数値計算に頼ることになる．

4.5 状態空間モデルと多変量 ARMA モデル

本節の目標は，4.3 節で紹介した多変量 ARMA(p, q) モデルが，$\boldsymbol{w}(t) = \boldsymbol{0}$ の状態空間モデルで表現できることを確かめることである．多変量 ARMA モデルを，より一般的なモデルである状態空間モデルの枠組みで考えることによって，パラメータ推定が効率よく行えたり，同定可能性の条件のチェックが容易になったり，最小表現が導出できたりとさまざまな利点が生まれる．

4.5.1 直接表現とマルコフ表現

多変量 ARMA モデルを状態空間モデルで表そうとしたとき，その表現は一意ではない．ここでは，まず直接的な表現とマルコフ表現の2つを表現を比較してみよう．

- **直接表現**

まず，(p, q) の組み合わせが $(1, 2)$ と $(2, 1)$ の場合に，状態空間モデルで直接表現したときの具体的な姿を見てみよう．

○ $(p, q) = (1, 2)$ のとき

ARMA(1,2) モデルに従う $\{\boldsymbol{Z}(t)\}$ を，

$$\boldsymbol{Z}(t) = -\Phi_1 \boldsymbol{Z}(t-1) + \boldsymbol{\varepsilon}(t) + \Theta_1 \boldsymbol{\varepsilon}(t-1) + \Theta_2 \boldsymbol{\varepsilon}(t-2)$$

と書き直せば，

4.5 状態空間モデルと多変量 ARMA モデル

$$\begin{pmatrix} \boldsymbol{Z}(t+1) \\ \boldsymbol{Z}(t) \\ \boldsymbol{Z}(t-1) \end{pmatrix} = \begin{pmatrix} -\Phi_1 & O & O \\ I & O & O \\ O & I & O \end{pmatrix} \begin{pmatrix} \boldsymbol{Z}(t) \\ \boldsymbol{Z}(t-1) \\ \boldsymbol{Z}(t-2) \end{pmatrix}$$
$$+ \begin{pmatrix} I & \Theta_1 & \Theta_2 \\ O & O & O \\ O & O & O \end{pmatrix} \begin{pmatrix} \boldsymbol{\varepsilon}(t+1) \\ \boldsymbol{\varepsilon}(t) \\ \boldsymbol{\varepsilon}(t-1) \end{pmatrix}$$

が得られ,これを推移方程式とする.

○ $(p,q)=(2,1)$ のとき

ARMA(2,1) モデルに従う $\{\boldsymbol{Z}(t)\}$ は,

$$\boldsymbol{Z}(t) = -\Phi_1 \boldsymbol{Z}(t-1) - \Phi_2 \boldsymbol{Z}(t-2) + \boldsymbol{\varepsilon}(t) + \Theta_1 \boldsymbol{\varepsilon}(t-1)$$

より,推移方程式を

$$\begin{pmatrix} \boldsymbol{Z}(t+1) \\ \boldsymbol{Z}(t) \end{pmatrix} = \begin{pmatrix} -\Phi_1 & -\Phi_2 \\ I & O \end{pmatrix} \begin{pmatrix} \boldsymbol{Z}(t) \\ \boldsymbol{Z}(t-1) \end{pmatrix}$$
$$+ \begin{pmatrix} I & \Theta_1 \\ O & O \end{pmatrix} \begin{pmatrix} \boldsymbol{\varepsilon}(t+1) \\ \boldsymbol{\varepsilon}(t) \end{pmatrix}$$

とする.

これらの例からもわかるように,本質的にモデルを表しているのは第 1 ブロック行であり,残りの行は自明な等式を表現しているにすぎない.一般的に,ARMA(p,q) モデルの直接表現は,$r = \max(p, q+1)$ として

$$\boldsymbol{X}(t) = \begin{pmatrix} \boldsymbol{Z}(t) \\ \boldsymbol{Z}(t-1) \\ \vdots \\ \boldsymbol{Z}(t-r+1) \end{pmatrix}, \quad \boldsymbol{v}(t) = \begin{pmatrix} \boldsymbol{\varepsilon}(t+1) \\ \boldsymbol{\varepsilon}(t) \\ \vdots \\ \boldsymbol{\varepsilon}(t+1-q) \end{pmatrix},$$

$$G = \begin{pmatrix} \mathrm{I} & \Theta_1 & \cdots & \Theta_q \\ \mathrm{O} & & \cdots & \mathrm{O} \end{pmatrix}, \quad H = (\mathrm{I}\ \mathrm{O}\ \cdots\ \mathrm{O})$$

とおき,F は r のとる値によって

$$F = \begin{cases} \begin{pmatrix} -\Phi_1 & \cdots & -\Phi_{p-1} & -\Phi_p \\ \mathrm{I} & & \mathrm{O} & \mathrm{O} \\ & \ddots & & \vdots \\ \mathrm{O} & & \mathrm{I} & \mathrm{O} \end{pmatrix}, & r = p\ \text{なら} \\[2em] \begin{pmatrix} -\Phi_1 & \cdots & -\Phi_p & \mathrm{O} & \cdots & \mathrm{O} \\ \mathrm{I} & & & & & \mathrm{O} \\ & \ddots & & & & \vdots \\ \mathrm{O} & & & \mathrm{I} & & \mathrm{O} \end{pmatrix}, & r = q+1\ \text{なら} \end{cases}$$

とおくことで得られる. ただし, $\boldsymbol{w}(t) = \boldsymbol{0}$ である. $\boldsymbol{X}(t)$ は rm 次元ベクトル, $\boldsymbol{v}(t)$ は $(q+1)m$ 次元ベクトル, F は $rm \times rm$ 行列, G は $rm \times (q+1)m$ 行列, H は $m \times rm$ 行列であり, 一般的にかなり大きな行列方程式の状態空間モデルとなる.

すでにおわかりのように, この直接表現は単純に多変量 ARMA モデルを書き写しただけであるので, $\{\boldsymbol{v}(t)\}$ は

$$\mathrm{E}\left(\boldsymbol{v}(s)\boldsymbol{v}(t)^\top\right) = \mathrm{O}, \quad s \neq t$$

のような直交性をもたず, $\boldsymbol{X}(t)$ のイノベーションになるとも限らない. したがって, 前節の条件 (S2) や (S3) も満たさない. これを解決するのが, 次で紹介するマルコフ表現である. マルコフ表現を用いることによ

り状態空間の次元の節約も可能となり，多変量 ARMA モデルの同定可能性の評価もしやすくなる．

● マルコフ表現

一般的に，現在の値の分布が直前の値だけに依存して定まるときマルコフ性があるという．このことから，状態ベクトルの系列 $\{X(t)\}$ がマルコフ性をもつとき，状態空間モデルは**マルコフ表現** (Markovian representation) をもつという．

次の定理は，マルコフ表現と多変量 ARMA モデルが本質的に同等であることを示している [3]．以下では，特に**正規性は仮定しない**が，状態ベクトルの 2 次モーメントの存在 $\|X(t)\| < \infty$ は仮定する．また，弱定常時系列を対象とするので，条件付き期待値は前節のような $\{Z(t), Z(t-1), \cdots, Z(1)\}$ に関するものではなく $\{Z(t), Z(t-1), \ldots\}$ に関するものとする．さらに，状態空間モデルは常に (S1), (S2) を満たすものとする．

定理 11 (マルコフ表現と多変量 ARMA モデル)

時系列 $\{Z(t)\}$ に関し，次が成り立つ．

(1) 状態空間モデルの F の固有値の絶対値がすべて 1 より小ならば，弱定常でマルコフ表現をもつ．さらに，$w(t) = 0$ なら，多変量 ARMA モデルに従う．

(2) 条件 (4.12) を満たす多変量 ARMA モデルに従うなら，$w(t) = 0$ のマルコフ表現をもつ．

証明 (1) まず，推移方程式

$$X(t) = FX(t-1) + Gv(t-1),$$

と F に対する仮定から，式 (4.20) のように収束表現

$$\boldsymbol{X}(t) = \sum_{k=0}^{\infty} F^k G \boldsymbol{v}(t-1-k) \tag{4.28}$$

できる．したがって $\{\boldsymbol{Z}(t)\}$ も弱定常であり，$\boldsymbol{v}(t-1)$ は $\{\boldsymbol{X}(t-1),$ $\boldsymbol{X}(t-2),...\}$ と直交するので，マルコフ表現をもつ状態空間モデルとなる．同様にして，任意の $j > k$ について

$$\begin{aligned} F^{j-k}\boldsymbol{X}(t-j) &= F^{j-k}\boldsymbol{X}((t-k)-(j-k)) \\ &= \boldsymbol{X}(t-k) - \sum_{l=0}^{j-k-1} F^l G \boldsymbol{v}(t-1-k-l) \end{aligned} \tag{4.29}$$

が成り立つ．一方，ケーリー・ハミルトンの定理より，$M \times M$ 行列 F の固有多項式

$$\det(\lambda \mathrm{I} - F) = \sum_{k=0}^{M} \alpha_k \lambda^{M-k}$$

の係数 $\alpha_0, \alpha_1, \ldots, \alpha_M$ を用いて

$$\sum_{k=0}^{M} \alpha_k F^{M-k} = 0$$

が成り立つ．したがって，この関係と式 (4.29) を用いれば

$$\begin{aligned} \alpha_0 F^M \boldsymbol{X}(t-M) &= -\sum_{k=1}^{M} \alpha_k F^{M-k} \boldsymbol{X}(t-M) \\ &= -\alpha_M \boldsymbol{X}(t-M) - \sum_{k=1}^{M-1} \alpha_k F^{M-k} \boldsymbol{X}(t-M) \\ &= -\sum_{k=1}^{M} \alpha_k \boldsymbol{X}(t-k) \\ &\quad + \sum_{k=1}^{M-1} \alpha_k \sum_{l=0}^{M-k-1} F^l G \boldsymbol{v}(t-1-k-l) \end{aligned}$$

が導かれ，これを，両辺を α_0 倍した式 (4.20) に代入すれば

4.5 状態空間モデルと多変量 ARMA モデル

$$\alpha_0 \boldsymbol{X}(t) = -\sum_{k=1}^{M} \alpha_k \boldsymbol{X}(t-k) + \sum_{k=0}^{M-1} \alpha_k \sum_{l=0}^{M-k-1} F^l G \boldsymbol{v}(t-1-k-l)$$

$$= -\sum_{k=1}^{M} \alpha_k \boldsymbol{X}(t-k) + \sum_{l=0}^{M-1} \left(\sum_{k=0}^{l} \alpha_k F^{l-k} \right) G \boldsymbol{v}(t-1-l)$$

を得る．あとは，右辺の第 1 項を左辺に移項して両辺に H をかければ，多変量 ARMA モデルの方程式

$$\sum_{k=0}^{M} \alpha_k \boldsymbol{Z}(t-k) = \sum_{l=0}^{M-1} \left(H \sum_{k=0}^{l} \alpha_k F^{l-k} G \right) \boldsymbol{v}(t-1-l)$$

となる．左辺の伝達関数 $\Phi(z) = \sum_{k=0}^{M} (\alpha_k \mathrm{I}) z^k$ が多変量 ARMA モデルの条件 (2) を満たすことは，F の固有多項式から明らかである．ただし，$\alpha_0, \alpha_1, \ldots, \alpha_M$ については，定数倍の自由度があるので，たとえば $\alpha_0 \neq 0$ ならば，$\alpha_0, \alpha_1, \ldots, \alpha_M$ を α_0 で割って正規化した $\beta_0 = 1, \beta_1 = \alpha_1/\alpha_0, \ldots, \beta_M = \alpha_M/\alpha_0$ で置き換えることで，一意に定められる． □

問題 24 $\Phi(z)$ が多変量 ARMA モデルの条件 (2) を満たすことを確かめなさい．

証明 (2) $\{\boldsymbol{Z}(t)\}$ が多変量 ARMA モデル $\Phi(B)\boldsymbol{Z}(t) = \Theta(B)\boldsymbol{\varepsilon}(t)$ に従っているとする．このとき，$\Phi(z)^{-1}\Theta(z)$ の各要素が z の正則関数であることから，ある係数行列 $\Psi_0, \Psi_1, \ldots$ が存在して

$$\boldsymbol{Z}(t) = \sum_{l=0}^{\infty} \Psi_l \boldsymbol{\varepsilon}(t-l) \tag{4.30}$$

と MA(∞) 表現できる．その上で，状態ベクトル $\boldsymbol{X}(t)$ を

$$\boldsymbol{X}(t) = \left(\boldsymbol{Z}(t)^\top, \boldsymbol{Z}(t+1|t)^\top, \ldots, \boldsymbol{Z}(t+r-1|t)^\top \right)^\top$$

と定義すれば，マルコフ表現

$$\boldsymbol{X}(t+1) = \begin{pmatrix} O & I & O & \cdots & O \\ O & O & I & \cdots & 0 \\ \vdots & \vdots & \vdots & \ddots & \vdots \\ O & O & O & \cdots & I \\ -\Phi_r & -\Phi_{r-1} & -\Phi_{r-2} & \cdots & -\Phi_1 \end{pmatrix} \boldsymbol{X}(t)$$

$$+ \begin{pmatrix} I \\ \Psi_1 \\ \Psi_2 \\ \vdots \\ \Psi_{r-1} \end{pmatrix} \boldsymbol{\varepsilon}(t+1) \tag{4.31}$$

$$\boldsymbol{Z}(t) = \begin{pmatrix} I & O & O & \ldots & O \end{pmatrix} \boldsymbol{X}(t)$$

が得られる．ただし，$r = \max(p, q+1)$ である．

まず，推移方程式 (4.31) の最初の $r-1$ 個のブロック行について確認する．条件から，MA (∞) 表現 (4.30) とその逆表現 AR (∞) もできることから，$\{\boldsymbol{Z}(t), \boldsymbol{Z}(t-1), \ldots\}$ に関する条件付き期待値と $\{\boldsymbol{\varepsilon}(t), \boldsymbol{\varepsilon}(t-1), \ldots\}$ に関する条件付き期待値は同等になる．したがって，

$$\boldsymbol{\varepsilon}(s|t) = \mathrm{E}\Big(\boldsymbol{\varepsilon}(s) \mid \boldsymbol{Z}(t), \boldsymbol{Z}(t-1), \ldots \Big) = \mathrm{E}\Big(\boldsymbol{\varepsilon}(s) \mid \boldsymbol{\varepsilon}(t), \boldsymbol{\varepsilon}(t-1), \ldots \Big)$$

から，

$$\boldsymbol{\varepsilon}(s|t) = \begin{cases} \boldsymbol{0}, & s > t \\ \boldsymbol{\varepsilon}(s), & s \leq t \end{cases}$$

を得る．このことに注意すれば，任意の j $(j = 1, 2, \ldots)$ に対して

$$\boldsymbol{Z}(t+j|t) = \sum_{l=0}^{\infty} \Psi_l \boldsymbol{\varepsilon}(t+j-l|t) = \sum_{l=j}^{\infty} \Psi_l \boldsymbol{\varepsilon}(t+j-l) \tag{4.32}$$

が成立し，同様に，

4.5 状態空間モデルと多変量 ARMA モデル

$$\boldsymbol{Z}(t+j|t-1) = \sum_{l=j+1}^{\infty} \Psi_l \boldsymbol{\varepsilon}(t+j-l)$$

も成立する．したがって，この 2 つを比較すれば，任意の j ($j = 1, 2, \ldots$) に対して

$$\boldsymbol{Z}(t+j|t) = \boldsymbol{Z}(t+j|t-1) + \Psi_j \boldsymbol{\varepsilon}(t) \tag{4.33}$$

が成り立っていることがわかり，式 (4.31) の最初の $r-1$ 個のブロック行が得られる．

推移方程式 (4.31) の最後のブロック行については，式 (4.33) を用いると，

$$\boldsymbol{Z}(t+r-1|t) = \boldsymbol{Z}(t+r-1|t-1) + \Psi_{r-1} \boldsymbol{\varepsilon}(t) \tag{4.34}$$

となり，右辺にある $\boldsymbol{Z}(t+r-1|t-1)$ 自体は $\boldsymbol{X}(t-1)$ の要素に含まれていないので，$\boldsymbol{X}(t-1)$ の要素を用いて表す必要がある．多変量 ARMA モデル $\Phi(B)\boldsymbol{Z}(t) = \Theta(B)\boldsymbol{\varepsilon}(t)$ の t を $t+r-1$ で置き換えた上で，時間 $t-1$ での条件付き期待値を考えると，

$$\sum_{l=0}^{p} \Phi_l \boldsymbol{Z}(t+r-1-l|t-1) = \sum_{l=0}^{q} \Theta_l \boldsymbol{\varepsilon}(t+r-1-l|t-1)$$

となる．左辺については，$l > p$ に対して $\Phi_l = O$ と定義すると，$r = p$ でも $r = q+1$ でも $\sum_{l=0}^{r} \Phi_l \boldsymbol{Z}(t+r-1-l|t)$ と表現できる．また，$s > t$ に対して $\boldsymbol{\varepsilon}(s|t) = \boldsymbol{0}$ より右辺は $\boldsymbol{0}$ となるので，結局

$$\boldsymbol{Z}(t+r-1|t-1) = -\sum_{l=1}^{r} \Phi_l \boldsymbol{Z}(t+r-1-l|t-1) \tag{4.35}$$

が得られ，式 (4.34) と合わせれば，式 (4.31) の最後のブロック行が得られる．

なお，$\{\boldsymbol{\varepsilon}(t)\}$ が過去の $\boldsymbol{X}(t)$ と直交することも示しておく．状態ベクトル $\boldsymbol{X}(t)$ は，その作り方から $\{\boldsymbol{Z}(t), \boldsymbol{Z}(t-1), \ldots\}$ だけに依存するので，

$$\mathrm{E}\left(\boldsymbol{\varepsilon}(t)\boldsymbol{X}(t-j)^\top\right)$$
$$= \mathrm{E}\left(\mathrm{E}(\boldsymbol{\varepsilon}(t)\mid \boldsymbol{Z}(t-j), \boldsymbol{Z}(t-j-1),\ldots)\boldsymbol{X}(t-j)^\top\right)$$
$$= \mathrm{O} \tag{4.36}$$

が, $j = 1, 2, \ldots$ について成立する. □

この定理で,多変量 ARMA モデルから得られた状態空間モデルの推移方程式 (4.31) が,両辺とも $M = rm$ 次の方程式になっていることに注意する.つまり,多変量 ARMA(p, q) モデルから rm 次元の状態ベクトルをもつマルコフ表現に直し,再び多変量 ARMA モデルに戻ってくると,かなり大きなモデルになってしまう.このような状態空間モデルの冗長性は,マルコフ表現の**最小表現** (minimum realisation) を求めることで回避できるが,多変量 ARMA モデル自体の冗長性は,直接,**正準表現** (canonical representation) を求めることで排除する必要がある.筆者の Web サイト http://datascience.jp/text.html あるいは [3] などを参照されたい.

4.5.2 同定可能性

多変量 ARMA(p, q) モデルが同定可能なための十分条件としては,1 変量のときの条件を拡張した [13] によるものなどがあるが,ここでは評価のしやすい,定理 11 の証明で与えられたようなマルコフ表現での係数行列 F, G に関する条件を紹介しておこう.

<u>定理 12</u> (多変量 ARMA モデルの同定可能性, [3])

条件 (4.12) も満たす多変量 ARMA(p, q) モデルに関して,以下の 2 つの条件は同値である.

(1) マルコフ表現の F, G から作られた行列
$$C = \left(G, FG, \ldots, F^{rm-1}G\right)$$
がフルランク(最大階数).

4.5 状態空間モデルと多変量 ARMA モデル

(2) 係数行列 $\Phi_1, \Phi_2, \ldots, \Phi_p$ と $\Theta_1, \Theta_2, \ldots, \Theta_q$ が一意に定まる.

証明 (1) $\Rightarrow$ (2)　$\boldsymbol{Z}(t+r)$ の時間 t での条件付き期待値を考えると, 定理 11 の証明と同じように,

$$\boldsymbol{Z}(t+r|t) + \Phi_1 \boldsymbol{Z}(t+r-1|t) + \cdots + \Phi_r \boldsymbol{Z}(t) = \boldsymbol{0} \tag{4.37}$$

が成立する. ただし, $l > p$ に対する Φ_l は O と定義しておく. もし, $\Phi_1, \Phi_2, \ldots, \Phi_r$ が一意に定まらないとすると, マルコフ表現したときの状態ベクトル $\boldsymbol{X}(t)$ に対し, ある零行列でない $m \times rm$ 行列 A が存在して $A\boldsymbol{X}(t) = 0$ となる. 実際 (4.37) を満たす $\Phi_1, \Phi_2, \ldots, \Phi_r$ の異なる組として $\Phi_1^{(1)}, \Phi_2^{(1)}, \ldots, \Phi_r^{(1)}$ と $\Phi_1^{(2)}, \Phi_2^{(2)}, \ldots, \Phi_r^{(2)}$ が存在すると, 式 (4.37) より

$$\left(\Phi_1^{(1)} - \Phi_1^{(2)}, \Phi_2^{(1)} - \Phi_2^{(2)}, \ldots, \Phi_r^{(1)} - \Phi_r^{(2)} \right) \boldsymbol{X}(t) = \boldsymbol{0}$$

が成り立つからである.

すると, 式 (4.20) より

$$\boldsymbol{X}(t) = F^{j+1}\boldsymbol{X}(t-j-1) + \sum_{k=0}^{j} F^k G \boldsymbol{\varepsilon}(t-k) \quad j = 0, 1, 2, \ldots$$

が成り立つので, 式 (4.36) に注意すれば

$$\mathrm{E}(\boldsymbol{X}(t)\boldsymbol{\varepsilon}(t-j)^\top) = F^j G \Sigma \tag{4.38}$$

となり, 結局

$$\mathrm{O} = \mathrm{E}\left(A\boldsymbol{X}(t)\boldsymbol{\varepsilon}(t-j)^\top \right) = A F^j G \Sigma$$

が成り立つことがわかる. ここで, Σ は正則行列と仮定しているので, $AC = (AC\Sigma)\Sigma^{-1} = \mathrm{O}$ となり, C がフルランクであることに矛盾する. よって, 零行列でない行列 A は存在せず, 係数行列 $\Phi_1, \Phi_2, \ldots, \Phi_p$ は一意に定まる. □

証明 (2) ⇒ (1)　まず，式 (4.30) と (4.32) より，$\boldsymbol{X}(t)$ はある係数行列 $A_0, A_1, \ldots, A_r$ を用いて

$$\boldsymbol{X}(t) = \sum_{j=0}^{\infty} A_j \boldsymbol{\varepsilon}(t-j)$$

と表現でき，これを用いると任意の rm 次元ベクトル $\boldsymbol{v}$ について

$$\mathrm{E}\left(\boldsymbol{v}^\top \boldsymbol{X}(t)\boldsymbol{\varepsilon}(t-j)^\top\right) = \boldsymbol{v}^\top A_j \Sigma$$

を得る．

　ここで，C がフルランクでないとすると，$\boldsymbol{v}^\top C = \boldsymbol{0}^\top$ となるような零ベクトルでないベクトルを $\boldsymbol{v}$ にとることができ，式 (4.38) を用いれば，任意の j $(j = 0, 1, \ldots, rm-1)$ について，

$$\mathrm{E}\left(\boldsymbol{v}^\top X(t)\boldsymbol{\varepsilon}(t-j)^\top\right) = \boldsymbol{v}^\top F^j G \Sigma$$

となる．ただし，$\boldsymbol{v}^\top C = \boldsymbol{0}^\top$ より右辺は $\boldsymbol{0}^\top$ になるので，$\boldsymbol{v}^\top A_j \Sigma = \boldsymbol{0}^\top$ が得られる．さらに，上と同様に Σ が正方行列で逆行列が存在することから

$$\boldsymbol{v}^\top A_j = \boldsymbol{0}^\top$$

が成り立っており，

$$\boldsymbol{v}^\top \boldsymbol{X}(t) = \boldsymbol{0}^\top \tag{4.39}$$

となることがわかる．ここで，ベクトル $\boldsymbol{v}$ を m 次元のベクトル $\boldsymbol{v}_k$ ($k = 1, 2, \ldots, r$) に分割，つまり $\boldsymbol{v} = (\boldsymbol{v}_r^\top, \boldsymbol{v}_{r-1}^\top, \ldots, \boldsymbol{v}_1^\top)^\top$ のように分割すれば，式 (4.39) は

$$\boldsymbol{v}_1^\top \boldsymbol{Z}(t|t+r-1) + \boldsymbol{v}_2^\top \boldsymbol{Z}(t|t+r-2) + \cdots + \boldsymbol{v}_r^\top \boldsymbol{Z}(t) = 0$$

と書き下せる．また $m \times m$ 行列 V_j $(j = 1, \ldots, r)$ を第 1 行が $\boldsymbol{v}_j$ で，ほかはすべて 0 の行列とすれば

4.5 状態空間モデルと多変量 ARMA モデル

$$V_1 \boldsymbol{Z}(t|t+r-1) + V_2 \boldsymbol{Z}(t|t+r-2) + \cdots + V_r \boldsymbol{Z}(t) = \boldsymbol{0}$$

となる．これは $\Phi_j' = \Phi_j + V_j$ も式 (4.37) を満たすことを示しており，$\Phi_1, \Phi_2, \ldots, \Phi_r$ の一意性に反する．

また，係数行列 $\Theta_1, \Theta_2, \ldots, \Theta_q$ は，$\{\boldsymbol{\varepsilon}(t)\}$ が直交していることから，常に一意に定まる．なぜなら，もし一意に定まらないとすると，$\Theta_j \neq \Theta_j'$ $(j = 1, 2, \ldots, q)$ となる係数行列 $\Theta_1', \Theta_2', \ldots, \Theta_q'$ が存在し，

$$\sum_{j=0}^{q} \Theta_j \boldsymbol{\varepsilon}(t-j) = \sum_{j=0}^{q} \Theta_j' \boldsymbol{\varepsilon}(t-j)$$

が成り立つので，

$$\sum_{j=0}^{q} \left(\Theta_j - \Theta_j' \right) \boldsymbol{\varepsilon}(t-j) = \boldsymbol{0}$$

である．$\{\boldsymbol{\varepsilon}(t)\}$ が直交過程であることより，任意の $k = 0, 1, \ldots, q$ について，$\boldsymbol{\varepsilon}(t-k)$ との共分散を考えれば，

$$\left(\Theta_k - \Theta_k' \right) \| \varepsilon(t-k) \|^2 = \mathrm{O},$$

つまり $\Theta_k = \Theta_k'$ となり，仮定と矛盾する． □

ただし，この定理で与えられた表現は AR の次数 p，MA の次数 q としたときの表現の一意性を示しているだけで，表現の最小性まで保証しているわけではない．

参考文献

[1] 赤池弘次, 中川東一郎. (2000). 新版 ダイナミックシステムの統計的解析と制御. サイエンス社.

[2] 赤池弘次, 北川源四郎 編. (1995). 時系列解析の実際 I, II. 朝倉書店.

[3] Akaike, H. (1974). Markovian representation of stochastic processes and its application to the analysis of autoregressive moving average processes, *Annals of the Institute of Statistical Mathematics*, **26**, 363-387.

[4] Akaike, H. (1974). A new look at the statistical model identification, *IEEE Transaction on Automatic Control*, **19**, 716-723.

[5] Anděl, J. (1976). Autoregressive series with random parameters, *Statistics: A Journal of Theoretical and Applied Statistics*, **7**, 735-741.

[6] Baran S. and Pap G. (2011). Asymptotic inference for a one-dimensional simultaneous autoregressive model, *Metrika*, **74**, 55-66.

[7] Brockwell, P. J. and Davis, R. A. (1991). *Time series: Theory and Methods.* Springer.

[8] Cressie, N. A. (1993). *Statistics for spatial data.* Wiley-Interscience Publication.

[9] Granger, C. W. J. and Andersen, A. P. (1978). *An introduction to bilinear time series models.* Vandenhoeck & Ruprecht.

[10] Granger, C. W. and Morris, M. J. (1976). Time series modelling and interpretation, *Journal of the Royal Statistical Society. Series A (General)*, **139**, 246-257.

[11] Grenander, U. (1981). *Abstract inference.* John Wiley & Sons.

[12] Hannan, E. (1970). *Multiple Time Series.* Wiley.

[13] Hannan, E. (1975). The estimation of ARMA models, *The Annals of Statistics*, **3**, 975-981.

[14] Horn, R. A. and Johnson C. R. (1992). *Matrix Analysis.* Cambridge University Press.

[15] Hosking, J. R. (1981). Fractional differencing, *Biometrika*, **68**, 165-176.

[16] Kamitsuji, S. and Shibata, R. (2003). Effectiveness of Stochastic Neural Network for Prediction of Fall or Rise of TOPIX, *Asia-Pacific Financial Markets*, **10**, 187-204.

参考文献   119

[17] Kawasaki, S. and Shibata, R. (1995). Weak stationarity of a time series with wavelet representation, *Japan Journal of Industrial and Applied Mathematics*, **12**, 37-45.
[18] Kitagawa, G. (2010). *Introduction to time series modeling*. CRC press.
[19] 北川源四郎, 尾崎統 編. (1998). 時系列解析の方法. 朝倉書店.
[20] Lawrance, A. J. and Lewis, P. A. W. (1980). The exponential autoregressive-moving average EARMA (p,q) process, *Journal of the Royal Statistical Society. Series B (Methodological)*, **42**, 150-161.
[21] Martin, R. J. (1997). A three-dimensional unilateral autoregressive lattice process, *Journal of Statistical Planning and Inference*, **59**, 1-18.
[22] Melnick, E. L. and Tenenbein, A. (1982). Misspecifications of the normal distribution, *The American Statistician*, **36**, 372-373.
[23] Nicholls, D. and Quinn, B. (1981). Multiple autoregressive models with random coefficients, *Journal of Multivariate Analysis*, **11**, 185-198.
[24] Ozaki, T. (1980). Non-linear time series models for non-linear random vibrations, *Journal of Applied Probability*, **17**, 84-93.
[25] Parzen E. et al. ed. (1998). *Selected Papers of Hirotsugu Akaike*. Springer.
[26] Phadke, M. and Wu, S. (1974). Modeling of continuous stochastic processes from discrete observations with application to sunspots data, *Journal of the American Statistical Association*, **69**, 325-329.
[27] Priestley, M. B. (1981). *Spectral Analysis and Time Series, Vol.2*, Academic Press.
[28] Ramsey, F. L. (1974). Characterization of the partial autocorrelation function, *The Annals of Statistics*, **2**, 1296-1301.
[29] Rao, T. S. (1981). On the theory of bilinear time series models, *Journal of the Royal Statistical Society. Series B (Methodological)*, **43**, 244-255.
[30] Rikimaru, Y. and Shibata, R. (2016). A good approximation of the Gaussian likelihood of simultaneous autoregressive model which yields us an asymptotically efficient estimate of parameters, *Journal of Statistical Planning and Inference*, **173**, 31-46.
[31] Rosenblatt, M. (1980). Linear process and bispectra, *Journal of Applied Probability*, **17**, 265-270.
[32] Shibata, R. (1976). Selection of the order of an autoregressive model by Akaike's information criterion, *Biometrika*, **63**, 117-26.
[33] Shibata, R. (1980). Asymptotically efficient selection of the order of the model for estimating parameters of a linear process, *Annals of Statistics*, **8**, 147-64.
[34] Shibata, R. (1981). An optimal selection of regression variables, *Biometrika*,

68, 45-54.

[35] Shibata, R. (1981). An optimal autoregressive spectral estimate, *Annals of Statistics*, **9**, 300-306.

[36] Shibata, R. (1984). Approximate efficiency of a selection of the number of regression variables, *Biometrika*, **71**, 43-49.

[37] Shibata, R. (1986). Consistency of model selection and parameter estimation, In *Essays in Time Series and Allied Processes (Special volume of J. Applied Probability*, 23 A*, Festschrift for Prof. E.J.Hannan)*, 127-141.

[38] Shibata, R. and Miura, R. (1997). Decomposition of Japanese yen interest rate data through local regression, *Financial Engineering and the Japanese Markets*, **4**, 125-146.

[39] 柴田里程. (2015). データ分析とデータサイエンス. 近代科学社.

[40] 高木貞治. (2010). 定本 解析概論. 岩波書店.

[41] Tong, H. and Lim, K. S. (1980). Threshold autoregression, limit cycles and cyclical data, *Journal of the Royal Statistical Society. Series B (Methodological)*, **42**, 245-292.

[42] Wiener, N. (1949). *Extrapolation, Interpolation and Smoothing of Stationary Time Series with Engineering Applications*. MIT Press.

[43] Wiener, N. (1961). *Cybernetics, Second edition*, MIT Press. (池原止戈夫他訳『サイバネティックス 第2版』岩波書店)

[44] Wold, H. (1954). *A study in the analysis of stationary time series* (2nd Ed.). Almqvist & Wiksell.

索　引

【欧字】

CAR (conditional autoregressive) モデル, 62
Causal MA モデル (causal moving average model), 64
CG (conditionally specified spatial Gaussian) モデル, 63
SAR (simulaneous autoregressive) モデル, 63
SG (simultaneously specified spatial Gaussian) モデル, 63

【ア行】

赤池情報量規準 (Akaike's information criterion), 57
1期先予測 (one step ahead prediction), 102
一般化分散自己回帰 (GARCH)
　—モデル (generalized autoregressive conditional heteroskedasticity model), 77
移動平均 (MA)
　—モデル (moving average model), 63
　—表現 (moving average representation), 30
イノベーション (innovation), 37
因果関係 (causality), 63
インパルス応答行列 (impluse response matrix), 86
ウェーブレット表現 (wavelet representation), 13
ウォルドの分解定理 (Wold decomposition theorem), 29
オルンシュタイン・ウーレンベック過程 (Ornstein-Uhlenbeck process), 51

【カ行】

解析的 (analytic), 31
確率的ニューラルネットワーク (stochastic neural network), 77
カットオフ (cut off), 54
カルマンゲイン (Kalman gain), 103
カルマンフィルター (Kalman filter), 103
観測方程式 (observation equation), 98
逆転可能 (invertible), 32
共通根 (common root), 70
強定常過程 (strongly stationary process), 2
強定常性 (strong staionarity), 2
金利時系列 (interest rate series), 98
空間自己回帰モデル (spatial autoregressive model), 62
空間データ (spatial data), 38, 62
クロス共分散関数 (cross-covariance function), 86
クロススペクトル, 86

―密度行列 (cross-spectral density matrix), 85
系列相関関数 (serial correlation function), 5
後退シフト作用素 (backward shift operator), 31
固定区間スムーザー (fixed-interval smoother), 104
コヒーレンシー (coherency), 82
コルモゴロフの定理 (Kolmogorov's theorem), 40

【サ行】

最小表現 (minimum realisation), 114
最良線形予測 (best linear prediction), 28
最良予測 (best prediction), 38
差分方程式 (difference equation), 52
サンプルパス (sample path), 2
時間差 (time lag), 3
時間領域 (time domain), 7
閾値自己回帰 (TAR) モデル (threshold autoregressive model), 60
時系列の直交 (orthogonality of time series), 30
自己回帰 (AR)
　―モデル (autoregressive model), 49
　多変量―モデル (multivariate autoregressiv model), 58, 94, 95
　―表現 (autoregressive representation), 30
自己回帰移動平均（ARMA）
　―過程 (autoregressive moving average process), 70
　多変量―モデル (multivariate autoregressive moving average model), 94
　―モデル (autoregressive moving average model), 70
自己回帰和分移動平均 (ARIMA) モデル (autoregressive integrated moving average model), 74
自己共分散
　―関数 (autocovariance function), 3
　―行列 (autocovariance matrix), 79
自己相関
　―関数 (autocorrelation function), 5, 51, 65
　―行列 (autocorrelation matrix), 80
　―係数 (autocorrelation coefficient), 4
自己励起閾値自己回帰 (SETAR) モデル (self-exciting threshold autoregressive model), 61
次数 (order), 32
射影 (projection), 39
弱定常過程 (weakly stationary process), 3, 78
弱定常性 (weak stationarity), 3
周波数領域 (frequency domain), 7
需要と供給 (demand and supply), 95
巡回過程 (circular process), 19
巡回行列 (circular matrix), 19
純決定的 (purely deterministic), 36
純非決定的 (purely non-deterministic), 36
状態空間モデル (state space model), 98
状態ベクトル (state vector), 98
推移方程式 (transition equation), 98
スペクトル
　―表現 (spectral representation), 8
　―分布関数 (spectral distribution function), 15

―密度関数 (spectral density function), 15
―密度行列 (spectral density matrix), 80, 85
スムーザー (smoother), 104
スムージング (smoothing), 103
正規過程 (Gaussian process), 26
正規性 (normality), 26
正準表現 (canonical representation), 114
正則 (holomorphic), 31
双線形モデル (bilinear model), 74

【タ行】

多項式行列 (polynomial matrix), 94
多重コヒーレンシー (multiple coherency), 88
多変量時系列 (multivariate time series), 78
多変量弱定常時系列 (multivariate weakly stationary time series), 79
チェザロ平均 (Cesàro mean), 40
長期記憶時系列 (long memory series), 76
長期記憶性 (long memory), 75
直交過程 (orthogonal process), 3
直交増分過程 (orthogonal increment process), 9
伝達関数 (transfer function), 31
同定可能性 (identifiability), 70, 114

【ナ行】

内積とノルム (inner product and norm), 3
2次モーメント (2nd moment), 3

ノイズのあるフィルター (noisy filter), 87
ノイズレスフィルター (noiseless filter), 86

【ハ行】

バイスペクトル (bispectrum), 65
非負定符号 (non-negative definite), 12
フィルタリング (filtering), 102
フーリエ表現 (Fourier representation), 8
フェーズ (phase), 82
フェーズシフト (phase shift), 32
複素コヒーレンシー (complex coherency), 82
複素偏コヒーレンシー (complex partial coherency), 91
ブラウン運動 (Brownian motion), 9
フラクショナル ARIMA (fractional autoregressive integrated moving average), 75
分散自己回帰 (ARCH)
　―モデル (autoregressive conditional heteroskedasticity model), 76
偏クロス共分散関数 (partial cross covariance function), 91
偏クロススペクトル密度関数 (partial cross spectral density function), 92
偏コヒーレンシー (partial coherency), 90, 93
偏自己共分散 (partial autocovariance), 6
偏自己相関
　―関数 (partial autocorrelation function), 6, 51, 65

—係数 (autocorrelation coefficient), 5
偏フェーズ (partial phase), 93
ホワイトなイノベーション (white innovation), 38
ホワイトノイズ (white noise), 25, 94

【マ行】

マルコフ表現 (Markovian representation), 109
モデル (model), 48

【ヤ行】

ユール・ウォーカー方程式 (Yule-Walker equation), 56

【ラ行】

ラグ (time lag), 3
ランダム係数 AR モデル (random coefficient autoregressive model), 62
ランダムウォーク (random walk), 9
両側 AR 表現 (two sided autoregressive representation), 63

Memorandum

Memorandum

〈著者紹介〉

柴田里程（しばた　りてい）

1973 年　東京工業大学大学院理工学研究科修士課程修了
現　在　慶應義塾大学名誉教授，（株）データサイエンスコンソーシアム代表取締役，理学博士
専　門　データサイエンス
著　書　『データ分析とデータサイエンス』（近代科学社），『データリテラシー（データサイエンス・シリーズ①）』，『S と統計モデル ―データ科学の新しい波―』（翻訳）（共立出版）ほか

統計学 One Point 4 時系列解析 *Time Series Analysis* 2017 年 9 月 15 日　初版 1 刷発行 2021 年 9 月 1 日　初版 3 刷発行	著　者　柴田里程　ⓒ 2017 発行者　南條光章 発行所　**共立出版株式会社** 〒112-0006 東京都文京区小日向 4-6-19 電話番号　03-3947-2511（代表） 振替口座　00110-2-57035 www.kyoritsu-pub.co.jp 印　刷　大日本法令印刷 製　本　協栄製本
検印廃止 NDC 417.6 ISBN 978-4-320-11255-1	一般社団法人 　　　自然科学書協会 　　　会員 Printed in Japan

---

JCOPY <出版者著作権管理機構委託出版物>
本書の無断複製は著作権法上での例外を除き禁じられています．複製される場合は，そのつど事前に，出版者著作権管理機構（ＴＥＬ：03-5244-5088，ＦＡＸ：03-5244-5089，e-mail：info@jcopy.or.jp）の許諾を得てください．

統計学 One Point

鎌倉稔成(委員長)・江口真透・大草孝介・酒折文武・瀬尾　隆・椿　広計
西井龍映・松田安昌・森　裕一・宿久　洋・渡辺美智子［編集委員］

統計学で注目すべき概念や手法，つまずきやすいポイントを取り上げて，第一線で活躍している経験豊かな著者が明快に解説するシリーズ。統計学を学ぶ学生の理解を助け，統計的分析を行う研究者や現役のデータサイエンティストの実践にも役立つ，統計学に携わるすべての人へ贈る解説書。

各巻：A5判・並製
税込価格

❶ゲノムデータ解析
冨田　誠・植木優夫著
116頁・定価2420円・ISBN978-4-320-11252-0

❷カルマンフィルタ　Rを使った時系列予測と状態空間モデル
野村俊一著
166頁・定価2420円・ISBN978-4-320-11253-7

❸最小二乗法・交互最小二乗法
森　裕一・黒田正博・足立浩平著
120頁・定価2420円・ISBN978-4-320-11254-4

❹時系列解析
柴田里程著
134頁・定価2420円・ISBN978-4-320-11255-1

❺欠測データ処理　Rによる単一代入法と多重代入法
高橋将宜・渡辺美智子著
208頁・定価2420円・ISBN978-4-320-11256-8

❻スパース推定法による統計モデリング
川野秀一・松井秀俊・廣瀬　慧著
168頁・定価2420円・ISBN978-4-320-11257-5

❼暗号と乱数　乱数の統計的検定
藤井光昭著
116頁・定価2420円・ISBN978-4-320-11258-2

❽ファジィ時系列解析
渡辺則生著
112頁・定価2420円・ISBN978-4-320-11259-9

❾計算代数統計　グレブナー基底と実験計画法
青木　敏著
180頁・定価2420円・ISBN978-4-320-11260-5

❿テキストアナリティクス
金　明哲著
224頁・定価2530円・ISBN978-4-320-11261-2

⓫高次元の統計学
青嶋　誠・矢田和善著
120頁・定価2420円・ISBN978-4-320-11263-6

⓬カプラン・マイヤー法　生存時間解析の基本手法
西川正子著
196頁・定価2530円・ISBN978-4-320-11262-9

⓭最良母集団の選び方
高田佳和著
208頁・定価2530円・ISBN978-4-320-11264-3

⓮点過程の時系列解析
近江崇宏・野村俊一著
168頁・定価2420円・ISBN978-4-320-11265-0

⓯メッシュ統計
佐藤彰洋著
220頁・定価2530円・ISBN978-4-320-11266-7

⓰正規性の検定
中川重和著
148頁・定価2420円・ISBN978-4-320-11267-4

⓱統計的不偏推定論
赤平昌文著
208頁・定価2530円・ISBN978-4-320-11268-1

⓲EMアルゴリズム
黒田正博著
164頁・定価2530円・ISBN978-4-320-11269-8

（価格は変更される場合がございます）

www.kyoritsu-pub.co.jp　共立出版　https://www.facebook.com/kyoritsu.pub